渔家乐特色菜肴与制作

乐志军　编著

浙江工商大學出版社

图书在版编目(CIP)数据

渔家乐特色菜肴与制作 / 乐志军编著. — 杭州：浙江工商大学出版社，2012.5

(渔家乐旅游开发与经营宝典 / 陈定樑主编；1)

ISBN 978-7-81140-468-5

Ⅰ. ①渔… Ⅱ. ①乐… Ⅲ. ①烹饪—方法②菜谱 Ⅳ. ①TS972.1

中国版本图书馆 CIP 数据核字(2012)第 028996 号

渔家乐特色菜肴与制作

乐志军 编著

责任编辑 王黎明 陈维君
责任校对 周敏燕
封面设计 影·设计工作室
责任印制 汪 俊
出版发行 浙江工商大学出版社
(杭州市教工路 198 号 邮政编码 310012)
(E-mail:zjgsupress@163.com)
(网址:http://www.zjgsupress.com)
电话:0571－88904980,88831806(传真)
排 版 杭州朝曦图文设计有限公司
印 刷 杭州杭新印务有限公司
开 本 850mm×1168mm 1/32
印 张 4.125
字 数 96 千
版 印 次 2012 年 5 月第 1 版 2012 年 5 月第 1 次印刷
书 号 ISBN 978-7-81140-468-5
定 价 16.00 元

浙江工商大学出版社营销部邮购电话 0571-88804227

丛书编委会

PREFACE

总序

渔家乐是农家乐旅游的一种形态。近年来，广大渔村因地制宜，依托江河湖海的秀美风光，依靠原汁原味的海鲜、河鲜资源，大力发展渔家乐旅游，不但致富一方，而且带动了城乡合作与交流，促进了渔村基础建设和村容村貌改造，成为新农村建设的重要途径。

发展渔家乐有利于传统渔业地区发展渔业生产，调整经济结构，改善渔农民生活条件和生态环境，为繁荣农村经济、提高渔农民的生活质量开拓了新的空间。同时，渔家乐作为因应市场需求而诞生的一种新兴旅游方式，丰富了旅游产品的种类，拓展了现代旅游的内涵。与传统的观光型旅游产品相比，渔家乐旅游活动包含更多的科技知识、渔猎文化和乡土民俗，更受到市场的欢迎和认同，促进了城乡之间的交流与沟通，也推动了渔村传统文化的传承与发展。

参与渔家乐旅游开发的大多是本地渔民，其开发成本相对较低，大部分可以利用闲置的房屋和生产资料，具有投资少、风险小、经营灵活等特点。广大渔民通过提供渔家乐旅游，实现了产业链中的“服务性高增加值”，为渔民带来了直接的经济收益。同时，享受渔家乐服务的游客，在游玩过程中，获得了回归自然、体验渔事和渔村民俗活动的机会。不少渔

村的卫生条件、居家条件和环境因此得到了改善，营造出舒适宜人的绿色生态环境。因此，发展渔家乐特色旅游，是一件功在当代、利在千秋的大好事。

当前，渔家乐经营得到了各地各级政府的重视和扶持，无论在政策支持还是资源引导，以及配套设施的建设上，都得到了快速的发展。但应该看到，由于渔家乐总体上仍属新生事物，经营者文化水平和素质良莠不齐，提供的旅游服务也层次不一。渔家乐旅游迫切需要规范、提升，告别小排档式的经营模式，再上一个台阶。因此，如何开展有针对性的指导和培训，提高从业人员素质，提高渔家乐开发与经营的水平，成为发展渔家乐旅游的重要环节。本套丛书正是在这样的背景下编写的，目的是对当前的渔家乐发展现状作一些研究与梳理，并结合旅游产品的一般特点和规律，对渔家乐开发与经营中的常规业务提供基础性的知识和系统性的整合，从渔家乐的策划开始，到内部管理、特色开发、菜肴制作、旅游项目开发，形成一个完整的系列。

目前国内多见农家乐经营与管理方面的书籍，关于渔家乐开发与经营仍为空白。本套丛书编者多年从事海洋旅游的研究，遍布江南沿海的渔家乐给了编者丰富的素材和深入思考的机会。为做好丛书的编写，编者专门走访考察了舟山、温州、台州沿海以及东钱湖、千岛湖等主要的渔家乐旅游景区，搜集了大量素材，这些地区的渔家乐已成规模且特色鲜明，为编好本书打下了扎实的基础。在内容的编排上，做到河海并重，图文并茂，力争使本书具有较强的基础性、应用性和普及性，成为开发、管理渔家乐的指南。本丛书适合渔家乐的从业人员、乡镇干部和相关研究人员阅读，也可作为培训和教学的教材。

受浙江工商大学出版社委托，丛书由我忝为主编，孙峰副

教授为副主编，邀请浙江国际海运职业技术学院从事海洋旅游研究的部分老师为编(著)者。丛书共分四册：《渔家乐经营与管理》由杨奇美老师负责编写，《渔家乐服务礼仪》由郑弋炜老师负责编写，《渔家乐特色菜肴与制作》由乐志军老师负责编写，《渔家乐民俗风情导览》由夏海明、安桃艳老师负责编写。

本书的编写得到了浙江工商大学出版社领导和责任编辑的热情帮助，他们对丛书的编辑、印刷、出版和发行进行了精心的组织、安排，得到了孔志华、郭飞军、乐淑娟等老师的协助及浙江众多渔家乐经营者的大力支持。在本书即将付梓之际，再次向他们表示真挚的感谢。没有他们的努力和付出，就不可能有这套丛书的出版。

由于编者水平和条件局限，本书难免存在一些粗陋和错误之处，敬请读者批评指正。

2012年3月1日于浙江舟山

CONTENTS

目录

第一章 渔家乐常用海鲜类原料及菜肴

第一节 常用海鱼、虾、蟹类原料及菜肴

一、大黄鱼

大黄鱼鳞片小,嘴大而圆。肉多、嫩,易离刺,味鲜美。主产于东海和黄海,以广东南澳岛和浙江舟山群岛产量最多。大黄鱼的鱼汛期在广东沿海10月为旺季,福建沿海以12月至翌年3月为旺季,浙江沿海以5月最盛。大黄鱼大暑后产卵完毕,洄游于沿海群岛,至天气渐寒时再离群向外海洄游,形成浙江外海秋汛,俗称"桂花黄鱼"。大黄鱼蛋白质含量较高,还含有钙、磷、铁、碘、维生素等。中医认为大黄鱼性平、味甘,有补气开胃、安神明目、止痢的功效。

(一)黄鱼鲞烤肉

原料:黄鱼鲞250克,猪肉150克。

调料:黄酒10克,酱油15克,白糖10克,盐4克,味精5克,姜末3克,葱花3克,色拉油70克。

烹调方法:1.将黄鱼鲞切块,猪肉切块待用。

2.锅烧热滑油,留底油,油热时用姜片、葱段炝锅,随即将肉块、黄鱼鲞块入锅翻炒,烹入料酒,放酱油、白糖烧至肉块和黄鱼鲞块上色,放水、盐,大火烧开,转小火烧至汤汁稠浓入味时改用大火,放味精,撒些葱花,即可出锅装盘。

风味特点:黄鱼鲞干香清鲜,有嚼劲;猪肉软烂,味醇鲜。

(二)红烧大黄鱼

原料:大黄鱼1条(500—750克),熟笋肉50克,水发香菇30克。

调料:葱花3克,姜末3克,盐3克,酱油50克,料酒10克,白糖20克,味精8克,色拉油75克。

烹调方法:1.鱼初加工后,在鱼身两面剞上波浪花刀,抹上酱油,笋肉、香菇切丝。

2.油烧至七成热,下鱼炸至外表结壳,捞出。

3.炒锅上火,放少量底油,投入姜末、葱花、笋丝、香菇丝,稍炒,烹入料酒,加些水,放入鱼、酱油、白糖,加盖用大火烧沸,转小火烧透入味,当汤汁快要干时,加入味精,用大火收汁,撒些葱花,即可出锅装盘。

风味特点:色泽红亮,口感鲜嫩。

(三)雪菜大黄鱼

原料:大黄鱼1条(500—750克),雪菜100克,熟笋肉50克。

调料:姜片10克,葱花1克,葱结10克,料酒6克,盐2克,味精10克,色拉油50克。

烹调方法:1.在大黄鱼肛门处剪一小口,从鳃盖下卷出内脏,在鱼身两侧剞上直刀(5刀左右),雪菜切粒。

2. 炒锅置旺火，下油、姜片，投入黄鱼煎至两面略黄，烹入料酒，放沸水 750 克，下葱结，用中火焖烧 8 分钟，至鱼眼珠呈白色、肩略脱开，拣去葱结，放入盐、笋片、雪菜粒，至卤汁呈乳白色时加味精，将鱼和汤同时盛在大碗内，撒葱花即可。

风味特点：肉质结实，汤汁乳白浓醇，口味鲜咸合一。

(四)苔香黄鱼松

原料：大黄鱼 1 条(750 克)，苔菜干 25 克。

调料：盐 6 克，味精 8 克。

烹调方法：1. 将苔菜放置微波炉烘熟捻碎，或锅中炒熟捻碎备用。把洗净的黄鱼蒸熟，取肉备用。

2. 取不粘锅置小火上(不加油)，放入黄鱼肉翻炒至鱼松(约半小时)，加盐、味精和苔菜末继续翻炒，至香出锅装盘即可。

风味特点：口味咸鲜，松香。

(五)渔家糟黄鱼

原料：糟黄鱼 1 条(400 克)。

调料：白糖，味精。

烹调方法：糟黄鱼装盘，加入糖、味精直接蒸制。熟后取出上桌。

风味特点：酒香浓郁，咸鲜中略带点甜味。

二、小黄鱼

又称小鲜、黄花鱼、花鱼、古鱼，其形状和大黄鱼相似，唯鳞片较大，嘴略尖，体长为 16—25 厘米。

小黄鱼肉质细嫩，味道鲜美，一般整条烧煮。小黄鱼加雪菜汁蒸之，其味鲜美无比。小黄鱼的营养成分基本与大黄鱼相同。

雪菜汁炖小黄鱼

原料:小黄鱼300克。

调料:黄酒、雪菜汁、味精、葱花。

烹调方法:将小黄鱼取出内脏洗净,装入鱼盘内,加入黄酒、雪菜汁、味精,放入蒸笼内蒸熟,撒些葱花即可食用。

风味特点:鱼肉鲜嫩,雪菜汁味道独特。

三、带鱼

舟山出产的带鱼又名白带鱼、裙带鱼。体细长而侧扁,呈带状,鳞细密光滑,无鳞片。银白色,头窄长,口大、牙尖,眼大位高。属肉食性鱼类,贪食,游动迅速,常伤害其他鱼类。平时栖息于澄清海水的中下层。冬天(冬至前后)是带鱼的旺发期,也是肉质最佳期。带鱼肉鲜美,营养丰富,富含脂肪、钙等。

加工带鱼鲞,一般挑选鱼体较长、较大而且肉膛较厚实者,用水清洗后,将鱼置木桌或本质长条凳上,用铁钉将尾部钉住以固定鱼体,用刀刃从尾部肉膛厚处沿背鳍平

直剖割,至鱼头劈开。但鱼腹和鱼嘴唇部要保持完整相连,取出鱼肚内脏,拭净鱼腹腔血迹,再沿脊骨割进,以翻开脊椎骨,同样要保持切割处鱼肉厚度均匀且平整。而后用竹条撑开,用细绳从嘴部穿过,悬挂于竹竿上或屋檐下。由于捕捞带鱼大多是在西北风向和寒冷天气居多的冬季鱼汛,因此渔民加工带鱼鲞具备天时地利。由于带鱼鱼体比鳗鱼小,肉膛也相对较薄,因此鱼鲞剖好后,风干的时间比鳗鲞相对短些。但带鱼皮层脂肪较多,故亦不能以日光晒,而只能以西北风吹晾干燥。带鱼鲞保存期较鳗鱼鲞要短,最好在风干后三五天、最多一星期即食,因此有"新风带鱼鲞"之俗称。

(一)带鱼鲞烤肉

原料:带鱼鲞 250 克,猪肉 150 克。

调料:黄酒 10 克,酱油 25 克,白糖 8 克,盐 2 克,味精 5 克,姜片 5 克,葱段 2 克,葱花 2 克,食用油 70 克。

烹调方法:1. 将带鱼鲞切段,猪肉切小块待用。

2. 锅烧热滑油,留底油,油热时用姜片、葱段炝锅,随即将肉块、带鱼鲞入锅,烹入料酒,放酱油、白糖,烧至肉块和带鱼鲞上色,放水、盐,大火烧开,转小火烧至汤汁稠浓入味时改用大火,放味精,撒些葱花,即可出锅装盘。

风味特点:带鱼鲞干香清鲜,有嚼劲;猪肉软烂,味醇鲜。

(二)咸带鱼

原料:鲜带鱼 500 克。

调料:盐 20 克。

烹调方法:将带鱼去鳍和内脏,斩成 12—15 厘米的段放入盘内,用盐腌渍 2—3 小时,也可腌渍更长时间,吃时蒸熟即可。

风味特点:肉质结实,咸鲜可口。

(三)清蒸带鱼

原料:鲜带鱼 500 克。

调料:盐 5 克,黄酒 8 克,酱油 5 克,味精 5 克,姜片 5 克,葱段 3 克。

烹调方法:将带鱼去鳍和内脏,斩成 12—15 厘米的段放入盘内,加盐、黄酒、酱油、味精、姜片、葱段,蒸熟,去掉姜片、葱段即可。

风味特点:鲜咸合一,清雅真味。

(四)红烧带鱼

原料:鲜带鱼 500 克。

调料:盐 2 克,黄酒 5 克,酱油 30 克,白糖 10 克,姜末 5 克,葱花 2 克,食用油 75 克。

烹调方法:1. 将带鱼去鳍和内脏,斩成 12—15 厘米的段。

2. 炒锅洗净烧热,放油,投入带鱼段翻炒几下,放白糖、黄酒、酱油翻炒上色后放姜末、水、盐,大火烧开后,改小火烧至入味,当汤汁稠浓时放味精、撒些葱花即可。

风味特点:味浓,肉鲜嫩。

(五)雪菜带鱼

原料:鲜带鱼 400 克,雪菜 100 克。

调料:盐 2 克,味精 8 克,黄酒 5 克。

烹调方法:锅内放适量的水,放入切成段的带鱼,加黄酒,当带鱼即将烧熟时,放入切成粒的雪菜,再烧开,放盐、味精,调味即可出锅。

风味特点:肉质鲜嫩,鲜咸合一。

(六)萝卜烧带鱼

原料:鲜带鱼300克,萝卜250克。

调料:盐3克,酱油10克,白糖6克,黄酒5克,味精8克,葱花、食用油适量。

烹调方法:萝卜洗净切块或丝,锅内放适量的水,再放萝卜,当萝卜即将烧熟时放进带鱼,烹入黄酒、酱油、白糖,烧熟带鱼后再放少许盐、味精,调味后淋上热油,撒葱花,即可出锅。

风味特点:带鱼肉嫩,萝卜柔软,味鲜。

(七)异香带鱼

原料:净鲜带鱼肉350克,臭豆腐150克,蛋丝、笋丝、火腿丝若干。

调料:葱段150克,盐7克,黄酒10克,味精15克。

烹调方法:1.带鱼取净肉,批成长片卷入三丝(蛋丝、笋丝、火腿丝),用葱段扎好待用。

2.取一鱼盘,码上臭豆腐,放上带鱼卷,加调料,入笼蒸熟即可。

风味特点:制作精细,口感鲜嫩。

(八)金丝龙鳞片

原料:带鱼、土豆丝。

调料:黄酒、盐、自制叉烧酱。

烹调方法:1.将带鱼去骨,腌制10分钟,腌好后切成8厘米长的段,抹上自制叉烧酱,放进烤箱烤20

分钟即可。

2.土豆切丝炸成金黄色垫底，放上烤好的带鱼即可。

风味特点：色泽金黄，外脆里嫩。

（九）桂花带鱼

原料：鲜带鱼500克。

调料：鲜桂花75克，糟汁75克，白糖10克，盐7克，味精15克，白酒50克，食用油500克(实耗75克)。

烹调方法：1.带鱼剞上十字花刀，切成段，入油锅炸至金黄色待用。

2.取一份糟汁，加入鲜桂花、白糖、味精、盐调成味汁，将炸好的带鱼码入盘中，淋上调好的味汁，放少许白酒，腌三天即可。

风味特点：色泽金黄，桂香四溢。

（十）糖醋带鱼

主料：鲜带鱼1条。

调料：盐、白糖、味精、料酒、香醋、葱、姜。

烹调方法：1.将带鱼去头、尾，剖肚，洗净、沥干水分待用，姜切成片，葱切成段。

2.将炒锅烧热，放入适量油，待油七成热时，将带鱼入油中煎至金黄色，煎透取出。

3.锅中留底油，煸香姜、葱，后放入水，加入白糖、盐、料酒、味精，烧开后勾芡，淋入香醋，放入带鱼，翻炒后出锅装盘。

风味特点：鱼肉嫩，色泽红亮，酸甜味浓。

四、马鲛鱼

马鲛鱼性凶猛，体形呈纺锤形，侧扁、尾柄细，头长，吻尖

突，口大斜裂。鳞极细小或退化，体背部呈青褐色，有黑色斑点，腹部灰白色，背鳍2个，第二背鳍及臀鳍后部各有7—9个小鳍。体长20—80厘米。马鲛鱼肉多刺少，无小刺，肉厚坚实，肉质细嫩富有弹性，味鲜美，其尾部味道尤佳。马鲛鱼含蛋白质20%、脂肪0.1%、灰分1.1%。马鲛鱼鱼肝不可食用，因其含有鱼油毒和麻痹毒素。

（一）糖醋熏鱼

原料：鲜马鲛鱼1条（600克）。

调料：酱油20克，白糖75克，米醋100克，黄酒3克，姜汁10克，色拉油750克。

烹调方法：1.将马鲛鱼洗净宰去头尾，切成1厘米厚的片状，放入碗中用黄酒、姜汁和酱油搅拌，腌制5分钟后取出，放在竹编上沥干水分。

2.炒锅置旺火上，下色拉油烧至七成熟时，将鱼块下锅中炸至黄褐色时，用漏勺捞出。

3.原锅倒去油，放清水少许，加白糖，烧至糖溶化，加米醋，放入炸好的鱼片，颠翻几下，再淋入少许油装盘即可。

风味特点：色泽黄褐，鱼肉里松外脆，干香味鲜，略带酸甜。

（二）迎宾烤香鱼

原料：鲜马鲛鱼1条（600克）。

调料：酱油、白糖、黄酒各3克，胡萝卜汁适量。

烹调方法：马鲛鱼连刀切块，保持整鱼形状，加入酱油、白糖、黄酒入味，放微波炉烘烤至金黄色，浇上胡萝卜汁即可。

风味特点：色泽金黄，味鲜香。

五、鳓鱼

鳓鱼体长而宽，侧扁。背缘窄，腹缘有锯齿状棱鳞。体长为体高的3.5—3.7倍。头侧扁，口大、向上，前颌骨和上颌骨由韧带连接。鳃孔大，鳃盖条6片，尾柄长小于其高。体披薄圆鳞，鳞片前部密布横沟线，后部边缘光滑。体后部披栉鳞。背鳍和臀鳍基部有鳞鞘。胸鳍和腹鳍基部有发达腋鳞，身体银白色，体背、吻端、背鳍和尾鳍呈淡青色，其他各鳍白色。谷雨至小暑鱼汛，芒种前后最盛，鱼汛与大黄鱼参差相间，大黄鱼发于大潮汛，鳓鱼发于小潮汛。鳓鱼肉质细嫩，味鲜美，但刺多且细小，呈倒钩状，软韧。鳞片含脂肪较多，加工时不要去鳞，以保持其营养价值。

（一）蒸三抱鳓鱼

原料：鳓鱼1条（约300克）。

调料：黄酒10克，白糖10克，味精5克。

烹调方法：1. 用细竹条通入鱼肚，浸入卤中，称“头抱”，“二抱”则向鱼肚塞盐，并在鱼身上抹盐后落桶压石腌制。几天后，翻桶中鱼，撒盐压石，历时半年。

2. 吃时将鳓鱼放入盘内加黄酒、白糖、味精蒸熟就成为喷香的“三抱鳓鱼”。如辅以鲜蛋、肉糜清蒸，更为佐餐佳肴，其卤鲜美，可为海蜇皮调味。

风味特点：鲜咸合一，味鲜、香浓。

(二)鲜白鳓鱼蒸咸肉

原料:鲜鳓鱼1条(约400克),咸肉50克。

调料:黄酒5克,盐2克,味精5克,葱花3克。

烹调方法:1.将鲜鳓鱼去鳃,洗净,咸肉切薄片备用。

2.取鱼盘一只盛鳓鱼,加盐、黄酒、味精,放上咸肉片,上笼蒸10分钟至熟取出,撒上葱花即可。

也可不放咸肉清蒸,菜肴名称为清蒸鲜鳓鱼,制作方法与此菜相同。

风味特点:鲜咸合一,味鲜、香浓。

(三)三抱咸鳓鱼海蜇头

原料:三抱咸鳓鱼1条(300克),海蜇头200克。

调料:料酒10克,味精3克。

烹调方法:1.三抱咸鳓鱼洗去表面盐粒,海蜇头批成片,用清水漂洗至淡。

2.取长腰盘一只,把咸鳓鱼放在盘中,加料酒、味精,用旺火蒸熟取出。

3.海蜇挤出水分,食时将海蜇倒在三抱咸鳓鱼上即可。

风味特点:鳓鱼咸香、味浓醇,鱼肉蘸海蜇别有风味。

(四)铁板干烤鳓鱼

原料:鲜鳓鱼1条(400克)。

调料:酒酿50克,辣酱50克,美味鲜20克,生抽王20克,洋葱、淀粉适量,食用油1000克(实耗75克)。

烹调方法:1.鳓鱼剞一字花刀,入油锅煎至两面黄待用,铁板上铺好洋葱,葱段上放鳓鱼。

2.取锅制一份干烧汁,淋在鳓鱼上,加盖烤至鳓鱼熟透、

汤汁收干即可。

风味特点：香气浓郁，鱼肉鲜嫩。

六、海鳗

海鳗体长，躯干部近圆筒状，尾部侧扁，呈带状。头大，呈锥状，吻长，眼大，口大。上颌突出，鳃孔宽大，左右分离。体光滑无鳞，背鳍、臀鳍与尾鳍均发达，相连续。体背侧方银灰色，大型个体稍具暗褐色。腹侧近乳白色。5—6月在海礁附近产卵，后游至岛礁旁觅饵。谷雨后产量渐增，夏至最多，后渐少，霜降后复多。夏汛多为当龄鱼，鱼体瘦小，冬汛体肥肉厚。海鳗有补虚治血、祛风明目等效用，是极有特色的海味特产之一。中医认为海鳗性平、味甘。海鳗约含蛋白质16.5%、脂肪3.5%、灰分1.2%。

（一）蒸腌鳗

原料：鲜鳗鱼500克。

调料：盐25克，黄酒20克，姜片15克，葱段15克。

烹调方法：将新鲜海鳗剖肚后除去内脏杂物，洗净，切成段，用盐、黄酒、姜片腌渍1小时左右，蒸熟即可食用。

风味特点：鱼肉咸鲜爽口，本味突出。

（二）糟鳗鱼

原料：净鳗筒500克。

调料：酒糟300克，盐120克，白糖25克，白酒50克。

烹调方法：将新鲜鳗剖鲞风干几天（不要风得太干），切成6厘米长的段后放入香糟中（香糟先用冷开水加盐、糖调开），再滴几滴白酒，将盛器的口密封，25天后即可蒸熟食用。

风味特点：鱼肉柔韧，酒香味浓。

（三）红烧鳗鱼

原料：鲜鳗鱼500克。

调料：盐3克，黄酒10克，酱油50克，白糖25克，姜末5克，葱花3克，味精8克，食用油75克。

烹调方法：1. 将新鲜海鳗剖肚后除去内脏杂物，洗净，切成6厘米长的段。

2. 炒锅洗净烧热，放油投入鳗鱼段翻炒几下，放糖、黄酒、酱油翻炒上色后，放姜末、水、盐，大火烧开后，改小火烧至入味，当汤汁稠浓时放味精、撒些葱花即可。

风味特点：鱼肉柔韧，酒香味浓。

（四）鳗鲞烤肉

原料：鳗鲞250克，猪肉150克。

调料：黄酒10克，酱油30克，白糖20克，盐2克，味精5克，姜片5克，葱段5克，食用油70克。

烹调方法：1. 将鳗鲞切段，猪肉切块待用。

2. 锅烧热滑油，放底油，油热时用姜片、葱段炝锅，随即将肉块、鳗鲞入锅，烹入料酒，放酱油、白糖烧至鳗鲞、肉上色，放水、盐，大火烧开，转小火烧至汤汁稠浓时改用大火，放味精、撒些葱花即可出锅装盘。

风味特点：鳗鲞干香清鲜，有嚼劲，猪肉软烂，味醇鲜。

（五）鳗干汤

原料：海鳗肉一段(400克)。

调料：姜末5克，盐10克，味精5克，生粉20克，醋30克，色拉油5克，葱花2克。

烹调方法：1. 将鲜海鳗肉用刀批开，批去中骨，带皮切条，加姜末、盐、味精、生粉拌匀，使每条鳗干外表面均沾上生粉。

2. 取锅一只，盛清水烧开，把每条沾有生粉的鳗干下锅汆至熟，捞出鳗干，原汤再烧，撇去泡沫，沥去汤脚，加盐、味精、醋，撒上葱花、淋上明油即成。

风味特点：鱼肉滑嫩，汤清味鲜。

（六）藏心海鳗球

原料：海鳗净肉500克，蟹粉50克，咸蛋黄3只。

调料：盐50克，味精15克，葱姜汁适量，清高汤500克，湿淀粉适量，色拉油25克。

烹调方法：1. 鳗鱼取净肉，加肥膘剁碎，加葱姜汁制成鱼蓉待用，将蟹粉和咸蛋黄制成馅分成若干份待用。

2. 锅中放入清油，待油温至两成热，将鱼蓉制成球状，塞进蛋黄和蟹粉制成的馅，放入油锅中，温油养熟；取清高汤，放入调料勾薄芡，推入养熟的鱼丸即可。

风味特点：色泽如玉，口感滑嫩细腻。

（七）泡椒鳗干

原料：鳗鱼肉400克，香菜少许。

调料：盐10克，味精10克，辣酱20克，泡椒25克，高汤500克，淀粉、花椒油适量。

烹调方法：1. 鳗鱼取净肉切条，沾淀粉，入水锅汆水，制成

鳗干待用。

2. 锅中放香料、辣酱、泡椒，煸炒，入高汤，放入鳗干煮沸，加盐、味精即可出锅，淋花椒油，放少许香菜即成。

风味特点：色泽红亮，口感香辣。

(八)黑椒鳗干

原料：鳗鱼肉 500 克，西蓝花 250 克，蛋清、生粉适量，盐 6 克，黄酒 10 克，黑椒汁 60 克，味精 15 克，食用油适量。

烹调方法：1. 鳗鱼取净肉，切成鳗片上浆，滑油待用，西蓝花炒熟，围在盘中。

2. 鳗片淋黑椒汁，倒入西蓝花围好的盘中即可。

风味特点：造型美观，口感滑嫩鲜香。

(九)双味葡萄鱼

原料：净鳗肉 500 克。

调料：盐 10 克，料酒 10 克，白糖 75 克，醋 75 克，味精 10 克，番茄沙司 75 克，绿叶菜汁适量。

烹调方法：1. 取净鳗肉的肥膘制成鱼蓉，挤成葡萄状入水锅氽熟。

2. 锅中制两份调料汁，一为番茄味、一为蔬菜味，红、绿两色味，一为糖醋味、一为咸鲜味。

3. 出锅摆成葡萄状，围上装饰用的葡萄叶即可。

风味特点：造型美观，营养丰富，口味多样。

七、鲳鱼

鲳鱼又称银鱼，全身呈扁圆形，银灰色，头小吻圆，牙细。以甲壳类等为食。有小细鳞，肉细、刺少、味厚。此鱼的肠子最少，头部也全是肉。鲳鱼四季都有，而以每年立夏之后为多。

鲳鱼含蛋白质14.5%、脂肪4.1%以及碳水化合物、钙、镁、鳞、铁、胆固醇等，其含糖量居诸鱼之首。中医认为鲳鱼性甘、平、温、苦，有健脾养血、补肾充精、疏筋利骨的功效。

（一）红烧鲳鱼

原料：鲜鲳鱼500克。

调料：蒜末50克，姜末5克，黄酒10克，酱油75克，白糖25克，盐3克，葱花3克，食用油70克。

烹调方法：1.将鲳鱼去鳃和内脏，洗净，两面剞上花刀。

2.锅滑油，再放适量油，油热时将鲳鱼两面煎成黄色捞出；锅中放少许油，煸香蒜末与姜末，再将煎好的鲳鱼放入锅内，烹入黄酒，放酱油、糖、盐烧一会儿后，加水，水量大些，烧开后转小火烧至汤汁稠浓时改用大火，放味精，撒些葱花，出锅装盘。

风味特点：味浓，肉鲜嫩。

（二）清蒸鲳鱼

原料：鲜鲳鱼500克。

调料：美味鲜酱油10克，盐4克，料酒10克，味精8克，姜片10克，葱段3克。

烹调方法：将鲳鱼去鳃和内脏，洗净，两面剞上花刀，放入盘中调好味蒸熟，去掉姜片、葱段即可。

风味特点：肉鲜嫩，味清口。

（三）金银鲳鱼

原料：鲜鲳鱼1条(500克以上)。

调料：盐6克，黄酒10克，味精5克，白糖25克，番茄沙司75克，米醋50克，淀粉适量，食用油500克(实耗70克)。

烹调方法：1. 取鱼身两片肉，留头尾备用。

2. 将两片鱼肉分别剞菊花花刀，用基本味腌渍5分钟，其中一片在沸水中氽熟，另一片拍生粉，入油锅炸成金黄色，头尾拍生粉炸成金黄色，盘中间分别摆两片卷起的鱼肉，两头分别摆上炸好的鱼头和鱼尾，然后将调好的咸鲜味汁和番茄沙司汁，分别淋浇在两片鱼肉上即可。

风味特点：造型美观，一鱼双味(鲜咸、糖醋)。

（四）鱼香鲳鱼片

原料：鲜鲳鱼600克，油菜心50克。

调料：盐13克，味精20克，黄酒10克，胡椒粉2克，白糖50克，郫县豆瓣酱50克，蒜蓉10克，姜末5克，鸡粉8克，香醋35克，生抽5克，淀粉5克，食用油1000克(实耗75克)，香油2克，红油5克。

烹调方法：1. 取鱼身两片肉，留头尾备用。将鱼肉改刀成厚片，入基本味腌渍5分钟，上浆封油备用。

2. 将郫县豆瓣酱炒香，用蒜蓉、姜末、糖、鸡粉、香精、生抽少许调成碗芡备用，取锅置火上，烧开味水(盐10克、味精15克、色拉油50克)，将油菜心及鱼头、鱼尾汆熟，入盘造型。

3. 锅滑油，当油温至四五成热，将鱼片逐片下锅炸至外脆里嫩捞出；锅留底油入碗芡，放香油、红油，入鱼片翻炒，起锅装盘即可。

风味特点：色泽红润，鱼片外脆里嫩，味咸甜酸辣兼备，鱼

香浓郁。

(五)鲳鱼粉丝汤

原料:鲳鱼 500 克,粉丝 100 克。

调料:盐、味精、酱油少许。

烹调方法:1. 将鲳鱼洗净改刀成块,粉丝用热水浸泡。

2. 锅置火上,倒入清水,放入鲳鱼煮七成熟后,加入酱油、粉丝烧沸后调味即可。

风味特点:汤鲜美,粉丝滑嫩。

(六)土豆烧鲳鱼

原料:大鲳鱼一条(1000 克),土豆 500 克。

调料:黄酒 10 克,美味鲜、白糖、豆瓣酱、蚝油、高汤、味精、葱若干。

烹调方法:1. 土豆去皮,切成圆形厚片,干葱拍松油炸。

2. 鲳鱼洗净,剞十字

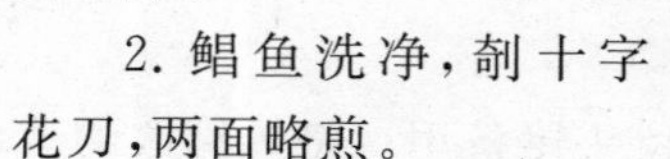

花刀,两面略煎。

3. 另起锅放入豆瓣酱、蚝油煸香,烹入料酒,下高汤、美味鲜、土豆片、葱、鲳鱼烧制,至土豆熟透下糖收浓汤汁,放味精、淋入香油出锅装盘。

风味特点:鱼肉鲜嫩微辣,荤素搭配,营养丰富。

(七)风焗鲳鱼

原料:鲳鱼 1 条(750 克)。

调料:生抽、白糖、鸡汁、鸡精、葱、姜等。

烹调方法：鲳鱼洗净整条切斜刀片，然后用料汁浸泡2小时，捞出风干，入250℃烤箱焗，中途翻一下，鱼焗至熟。

风味特点：色泽金红，口味酥香。

（八）萝卜烧鲳鱼

原料：鲳鱼、萝卜。

调料：干红椒、黄酒、白糖、美味鲜、老抽、蒜泥、醋、胡椒粉、鸡粉、食用油。

烹调方法：1. 萝卜切片，用高汤蒸熟或煮熟待用；鲳鱼去内脏洗净。

2. 锅烧热用冷油滑锅，油热时将鲳鱼两面煎黄，投入干红椒，放黄酒、白糖、美味鲜、醋、胡椒粉，烧至鲳鱼快熟，放进萝卜片，加些高汤用小火将汤汁收稠，加鸡粉、浇上热油即成。

风味特点：鲳鱼肉软味鲜，萝卜软烂味美，荤素搭配，更具营养。

八、石斑鱼

石斑鱼属鲭科石斑鱼属，是暖水性近海底层名贵鱼类。体中长，侧扁，色彩变异甚多，通常呈褐色或红色，带有条纹和斑点，它是海珍中著名特产，素为中外美食家们推崇。石斑鱼体色似鸡，其肉质肥美鲜嫩，营养丰富，鱼汁鲜似鸡汤，因此俗称“鸡鱼”。

分布于舟山沿海的石斑鱼有十余种，其中经济价值较高

且较为常见的种类有赤点石斑鱼、鲑点石斑鱼、云纹石斑鱼和网纹石斑鱼等。青石斑鱼因体色为青褐色，故又称青斑，是舟山渔场产量较多的一种。石斑鱼体椭圆形，侧扁，头大，吻短而钝圆，口大，有发达的铺上骨，体披细小栉鳞，背鳍强大，体色可随环境变化而改变。成鱼体长通常在20—30厘米。

(一)石斑鱼豆腐汤

原料：净鲜石斑鱼(600克左右)，豆腐300克。

调料：黄酒10克，盐10克，味精10克，葱花2克，食用油50克。

烹调方法：1. 石斑鱼去鳞、去鳃，剖腹去内脏，洗净，豆腐切大丁。

2. 锅烧热放少许油，油热时将石斑鱼两面煎一煎，放多量的水，再放点黄酒，当石斑鱼快熟时，放入豆腐，烧一会儿，放盐、味精，撒些葱花即可。

风味特点：鱼肉鲜嫩，豆腐柔软，汤白味美。

(二)清蒸石斑鱼

原料：净鲜石斑鱼(600克左右)。

调料：盐6克，味精10克，黄酒10克，酱油10克，姜片10克，葱段5克。

烹调方法：1. 石斑鱼去鳞、去鳃，剖腹去内脏，洗净。

2. 鱼身两面剞上花刀后放入盘中，加入盐、味精、黄酒、少许酱油、姜片、葱段，蒸熟即可。

风味特点：肉质肥厚，清雅真味。

(三)鸳鸯石斑鱼

原料：1000—1250克石斑鱼一尾，蛋丝、火腿丝、笋丝、香

菜适量。

调料:葱油调味汁(由美味鲜 15 克、生抽 20 克、糖 25 克、老抽 10 克、味精 10 克调成),剁椒汁 100 克。

烹调方法:1. 石斑鱼去头尾待用,取一半净鱼肉切长片,包入蛋丝、火腿丝、笋丝,做成鱼卷待用。

2. 另一半鱼片起一字花刀,取鱼盘,一边码放鱼卷,一边放上起好花刀的鱼肉,摆上头、尾蒸熟,鱼卷上淋葱油调味汁,鱼肉上浇剁椒汁,撒上香菜即可。

风味特点:制作精细,造型美观,营养丰富,鲜香浓郁。

(四)鲍汁石斑鱼

原料:净石斑鱼肉 500 克,西红柿 5 只。

调料:盐 5 克,黄酒 10 克,蛋清 20 克,生粉 20 克,鲍汁 30 克,高汤 100 克,味精 15 克,食用油 500 克(实耗 50 克)。

烹调方法:1. 石斑鱼取净肉切成象眼块上浆,滑油即熟,放入小盅内。

2. 西红柿焯水、去皮、切块,和鱼肉放一起;锅中制鲍汁浇在鱼肉上。

3. 头尾蒸熟放入盘中,制成的鱼肉盅摆好即可。

风味特点:造型美观,口感细腻,味道鲜美。

九、马面鱼(剥皮鱼)

马面鱼的鱼体呈长椭圆形,侧扁,一般体长 12—21 厘米。体蓝黑,体侧具不规则暗色斑块。为暖温性近海底层鱼类,以小生物为食。在外海越冬,4—5 月产卵,主要分布于我国的东海、黄海、渤海海域以及朝鲜、日本和非洲南部海域。马面鱼有一层粗糙的刺皮,剥去后可供烹调,其肉粗糙,但鲜味尚好。

马面鱼性平、味甘，有健胃调中、消痛止血的功效，蛋白质含量与大黄鱼、鲳鱼相似，比带鱼高，鱼肝含油量为30%—60%。

（一）马面鱼鲞烤肉

原料：马面鱼鲞250克，猪肉150克。

调料：黄酒10克，酱油50克，白糖20克，盐2克，味精5克，姜片5克，葱段5克，食用油70克。

烹调方法：1.将马面鱼鲞切块，猪肉切块待用，锅烧热滑油，放底油，油热时用姜片、葱段炝锅，随即将肉块、鳗鲞入锅，烹入料酒，放酱油、白糖烧至肉上色。

2.放水、盐大火烧开，转小火烧至汤汁稠浓时改用大火，放味精，撒些葱段即可出锅装盘。

风味特点：马面鱼鲞干香清鲜，有嚼劲；猪肉软烂，味醇鲜。

（二）红烧马面鱼

原料：鲜马面鱼1条（约750克），熟笋肉50克，水发香菇30克。

调料：葱花5克，姜末5克，酱油50克，盐2克，料酒10克，白糖25克，味精10克，色拉油75克。

烹调方法：1.鱼洗净后，在鱼身两面剞上十字花刀，抹上酱油，笋肉、香菇切丝，用七成热油锅，下鱼炸至外表结壳捞出。

2.炒锅上火，放少量底油，投入姜末、葱花、笋丝、香菇丝稍炒，烹入料酒，加些水，放入鱼、酱油、白糖，加盖用大火烧沸，转小火烧透入味，当汤汁快要干时加入味精，用大火收汁，撒些葱花即可出锅装盘。

风味特点：色泽红亮，肉质结实。

(三)吊烧马面鱼

原料：鲜马面鱼1条(1500克)。

调料：味水(香芹50克、洋葱50克、香菜10克、胡萝卜20克、姜10克、蒜泥10克、十三香少许、盐250克、味精100克、水500克)，麦芽糖，大红浙醋，泰酱大半碟。

烹调方法：1. 将洗净的马面鱼入味水腌渍2小时，将腌渍入味的马面鱼挂皮水(麦芽糖250克、大红浙醋500克、水1000克，此皮水用于挂10条马面鱼)，吊晾于风口处2小时。

2. 将鱼入烤炉吊烧20分钟(隔5分钟转动一次，使其均匀受热)，出炉改刀装盘，跟泰酱一起上桌。

风味特点：颜色红亮，口味鲜香。

(四)油烙马面鱼

原料：鲜马面鱼750克，洋葱1只。

调料：蒜泥50克，辣酱50克，糖25克，辣油50克，花椒油20克，葱花5克，香料适量。

烹调方法：1. 将剥皮鱼洗净，去头尾，鱼肉切块待用，洋葱切丝，放入烤盘中，码上剥皮鱼。

2. 取一碗，放蒜泥、辣酱、糖、辣油、香料，拌匀浇至烤盘入烤箱，烤至成熟，取出，撒上葱花，淋上花椒油即可。

风味特点：中西结合，鲜香嫩辣。

(五)荷叶鱼鲞夹

原料：马面鱼鲞600克，咸肉150克，荷叶。

烹调方法：1. 将马面鱼鲞斜刀切成大片，咸肉切片待用。

2. 将鱼鲞和咸肉片均匀地码好放入装有荷叶的盘中，上

笼蒸熟即可。

风味特点：外形美观，咸鲜合一。

十、鲈鱼

鲈鱼体侧扁，口大。下颌突出，背厚、鳞小、肚小，背部和背鳍有小黑斑点，第一背鳍由硬棘组成。该鱼栖息于近海，也进入淡水区域，早春在咸淡交界处的河口产卵。该鱼性凶猛，以鱼虾为食，生长快，个头大。

鲈鱼含蛋白质 17.5%、脂肪 3.1%，还含有钙、磷、铁及多种维生素等。中医认为鲈鱼性温、味甘，有滋补、益筋骨、和肠胃、治湿气之功效。

（一）清蒸鲈鱼

原料：净鲜鲈鱼 600 克左右。

调料：盐 6 克，味精 10 克，黄酒 10 克，酱油 10 克，姜片 10 克，葱段 5 克。

烹调方法：1. 鲈鱼去鳞、鳃，剖腹去内脏，洗净。

2. 鱼身两面剞上花刀后放入盘中，加入盐、味精、黄酒、少许酱油、姜片、葱段，蒸熟即可。

风味特点：肉质肥厚，清雅真味。

（二）葱油鲈鱼

原料：400—500 克活鲈鱼 1 条。

调料：姜丝 5 克，葱丝 5 克，胡椒粉 1 克，黄酒 10 克，美味鲜酱油 5 克，盐 2 克，干辣椒丝少许，味精少许，色拉油 30 克。

烹调方法：1. 先将活鲈鱼剖腹去内脏，去鱼鳃，洗净，两面剞花刀。

2. 将鱼盛放在鱼盘内，放酒、姜片、葱段上笼蒸熟，去掉姜片、葱段，再放上姜丝、葱丝、干辣椒丝。

3. 取小碗一只，把酱油、白糖、盐、味精、胡椒粉、黄酒兑成卤汁。

4. 将小碗中卤汁倒入炒锅中置旺火上加热，烧沸后倒入鱼盘；炒锅置旺火上加热，放油 50 克至八成热时，将热油浇在鱼上即成。

风味特点：肉嫩味鲜，原汁原味。

（三）泰式酸辣鱼

原料：鲈鱼，洋葱，红椒，尖椒，姜。

调料：酸辣汁（由香醋、辣酱、甜辣酱、辣油等调成）。

烹调方法：1. 鲈鱼洗净，鱼身两面打牡丹花刀，将洋葱切半圆形条，红椒、尖椒切圈，姜切丝。

2. 鲈鱼入六成热的油锅，炸至外脆里嫩捞出装盘，在锅内倒少许色拉油，入洋葱、青红尖椒、姜丝炒香，再倒入酸辣汁一起烧开，打薄芡起锅浇在鱼身上即可。

风味特点：鱼肉鲜嫩，荤素搭配，酸辣可口。

十一、鮸鱼（米鱼）

鮸鱼形似大黄鱼，体型大，长达 50 厘米以上，背部灰褐

色，头尖长，口大，牙尖。

鮸鱼肉厚、坚实细腻，味鲜美。

（一）米鱼骨酱

原料：米鱼头一只（350 克），洋葱 50 克。

调料：姜 8 克，小葱 3 克，白糖 3 克，酱油 5 克，盐 3 克，鲜辣粉 2 克，料酒 5 克，味精 3 克，湿淀粉 20 克，色拉油 30 克。

烹调方法：1. 将米鱼头斩成小丁状，洋葱切小丁，姜切末，葱切葱花。

2. 取锅置中火上加热，放底油，用洋葱煸锅，放米鱼丁煸炒，加清水，用旺火烧开，移到小火上闷烧至鱼骨酱酥烂。

3. 加酱油、鲜辣粉、白糖、味精，用湿淀粉勾厚芡，上明油搅拌，让明油裹入骨酱中，撒上葱花即可。

风味特点：色泽油亮，骨酱味醇鲜，鱼肉酥烂。

（二）米鱼蛋羹

原料：米鱼 200 克，蘑菇 25 克，冬笋 25 克，芹菜 50 克，鸡蛋 1 只。

调料：盐、黄酒、姜末、鲜辣粉、味精、鸡精、水淀粉、麻油。

烹调方法：1. 米鱼取肉切小片，蘑菇、冬笋切小片，芹菜切粒。

2. 锅中放水 1000 克，水开后放入姜末、米鱼、蘑菇、冬笋片，当水再开时，去掉浮沫，加盐、酒、鲜辣粉、味精、鸡精、芹菜粒，用水淀粉勾芡后，将鸡蛋液倒入，用勺子推匀，浇上麻油即可装盘。

风味特点：色彩缤纷，柔滑鲜美。

十二、舌鳎

舌鳎，比目鱼的一类。两眼均在左侧。舌鳎含蛋白质17.7％、脂肪1.4％以及多种无机盐。

（一）清蒸舌鳎

原料：净鲜舌鳎500克左右。

调料：盐6克，味精10克，黄酒10克，美味鲜酱油5克，姜片10克，干辣椒1只，葱段5克。

烹调方法：1.舌鳎去皮、去鳃，剖腹去内脏，洗净。

2.鱼身上面剞上花刀后放入盘中，加入盐、味精、黄酒、美味鲜酱油、姜片、干辣椒丝、葱段，蒸熟即可。

风味特点：肉质鲜嫩，清雅真味。

（二）红烧舌鳎

烹调方法与红烧带鱼相同。

十三、鲐鱼（青占鱼）

鲐鱼呈纺锤形，体长20—60厘米，尾柄细，背青色，腹白色，体侧上部有深蓝色波状条纹，头大近圆锥形，吻尖口大。体被覆有细小圆鳞，尾鳍深分叉。鲐鱼在第二背鳍和臀鳍后方各具五个小鳍。

中医认为鲐鱼性平、味甘，有补气血、益脾胃的功效。鲐鱼中的组胺酸含量较高，不新鲜时其含量更高，并可分解产生组织胺，能引起食用者发生过敏中毒现象。组织胺为碱性物质，在烹饪前可用1％的食醋溶液浸泡30分钟或在烹饪时加入适量食醋与组织胺中和，以减少中毒现象。

(一)雪菜青占鱼

原料:青占鱼1条(150克左右)。

调料:盐、姜丝、黄酒、雪菜、味精、葱花。

烹调方法:1.将雪菜切末,青占鱼去内脏,洗净。

2.锅内放水及青占鱼,加入姜丝、黄酒烧开,放入雪菜、盐,再烧开后,放味精、撒些葱花即可装盘食用。

风味特点:汤清味醇,雪汁风味独特。

(二)红烧青占鱼

原料:青占鱼2条(300克左右)。

调料:葱花5克,姜末5克,酱油50克,盐2克,料酒10克,白糖25克,味精10克,干辣椒1只,色拉油75克。

烹调方法:1.鱼洗净后,在鱼身两面剞上一字花刀,下锅炸至外表结壳捞出。

2.炒锅上火,放少量底油,投入姜末、干辣椒、葱花稍炒,烹入料酒,加些水,放入鱼、酱油、白糖,加盖用大火烧沸,转小火烧透入味,当汤汁快要干时加入味精,用大火收汁,撒些葱花即可出锅装盘。

风味特点:色泽红亮,肉质结实。

十四、墨鱼

墨鱼又名墨斗鱼、乌鱼、乌贼,属于软体动物头足类。墨鱼头部前端有须脚8根,另有两根较长的触手。眼大,体呈长圆形,灰白色,背肉中夹有一块背骨。雄墨鱼背宽、有花点,雌墨鱼背上发黑,以雌的为佳。普通墨鱼3个重约500克,大的1个重1000—1500克。口感脆、嫩,肉味鲜美。墨鱼分布很广,中国、朝鲜、日本及欧洲各地都有出产,我国以舟山群岛出产最多。广东2—3月、东海4—6月、渤海10—11月为旺季。墨鱼含蛋白质13%—17%、脂肪0.4%—5.5%，还含有钙、鳞及维生素等。中医认为其性平、味咸，有养血滋阴、补肝益肾等功效。

(一)墨鱼鲞烤肉

原料：墨鱼鲞250克，猪肉150克。

调料：黄酒10克，酱油50克，白糖25克，盐5克，味精8克，姜末10克，葱段5克，葱花5克，食用油70克。

烹调方法：1.将墨鱼鲞切块、肉切块待用。

2.锅烧热滑油，放底油，油热时用姜片、葱段炝锅，随即将肉块、墨鱼鲞块入锅，烹入料酒，放酱油、糖，烧至肉上色，放水、盐，大火烧开，转小火烧至汤汁稠浓时改用大火，放味精，撒些葱段即可出锅装盘。

风味特点：墨鱼鲞干香清鲜，有嚼劲，猪肉软烂，味醇鲜。

(二)五香烤墨鱼

原料：鲜墨鱼1条(重400—500克)。

调料：酱油50克，盐2克，黄酒15克，白糖25克，味精8克，姜片10克，葱段5克，茴香5克，桂皮2克，葱花2克，食用油75克。

烹调方法：1.墨鱼去内脏，头与身连在一起，先将墨鱼氽水待用。

2.用热油滑锅，留底油，投入香料煸出香味，放进墨鱼，烹

入黄酒，加酱油、糖，烧至鱼肉上色，加水、盐，盖锅盖用大火烧开，转小火焖烧至汤汁浓稠，加味精，盛出稍凉，改刀装盘、撒葱花即可。

风味特点：色泽光亮，肉质香嫩。

(三)炒墨鱼片(丝)

原料：鲜墨鱼 400 克，莴苣、笋片、青椒、辣椒、大蒜等适量。

调料：盐 6 克，黄酒 10 克，味精 8 克。

烹调方法：1. 墨鱼去皮后，肉切成片或丝，配料与墨鱼切成同样的形状。

2. 墨鱼汆水，炒锅滑油后，放入适量的油，放入配料，加少许水，继续翻炒，当配料即将炒熟时，放盐、味精和墨鱼，翻炒几下，即可出锅装盘。

风味特点：色彩鲜艳，荤素搭配合理，营养丰富，味咸鲜。

(四)大烤墨鱼

原料：净墨鱼 2 只(400 克)。

调料：酱油 50 克，白糖 25 克，料酒 10 克，葱姜末 10 克，味精 5 克。

烹调方法：1. 将墨鱼洗净，葱切段，姜拍松。

2. 取锅盛清水 800 克加热至水开时，墨鱼入锅汆水，八成熟时捞出。

3. 原锅放入底油加热，葱、姜炝锅，放入墨鱼，加料酒、酱油、白糖、水，用旺火烧开，中小火焖熟，加味精、明油即可，取

出墨鱼改刀装盘。

风味特点：色泽红润，鱼肉脆嫩，咸中带甜。

(五)双味墨鱼

原料：大墨鱼1只(750克左右)，墨鱼仔10只。

调料：鲍鱼汁200克，蚝油8克，味精6克，十三香少许。

烹调方法：1. 大墨鱼留墨，入锅加蚝油、十三香㸆制入味待用。

2. 一口墨鱼(墨鱼仔)10只洗净去墨，入锅加鲍鱼汁调味㸆至颜色红亮待用。

3. 将大墨鱼改刀装在盘的中间，10只墨鱼仔装在大墨鱼的周围即可。

风味特点：大墨鱼香味浓郁，味咸鲜，色乌亮；墨鱼仔色红亮，味咸鲜，整体造型大气美观。

(六)墨香豆腐

原料：墨鱼蛋(带墨)200克，盒豆腐300克。

调料：雪菜汁、味精、香油。

烹调方法：1. 将带墨墨鱼蛋蒸熟，切厚片待用。

2. 盒豆腐切厚片码入，墨鱼蛋放在豆腐上，入蒸笼蒸熟即可。

风味特点：口味清香，口感滑嫩。

(七)富贵火龙虾

原料：基围虾200克，墨鱼200克，火龙果200克，南瓜2000克，青红椒200克。

调料：盐20克，味精15克，湿淀粉20克，色拉油1000克(实耗150克)。

烹调方法：1. 把基围虾去头，剥去上部分一半虾壳，虾尾留用。

2. 墨鱼去头去皮，制成蓉，蓉中放盐、味精、湿淀粉，把虾尾塞进墨鱼蓉中，蒸熟。

3. 去壳虾经改刀、漂洗、上浆，与火龙果球滑炒，装入用南瓜雕刻成鲤鱼的容器中即可。

风味特点：造型生动、活泼，色泽亮丽，口感滑嫩。

（八）油爆墨鱼卷

原料：净墨鱼肉 350 克。

调料：蒜末 5 克，姜末 2 克，葱花 2 克，精盐 3 克，味精 2 克，料酒 10 克，胡椒粉 2 克，湿淀粉 10 克，色拉油 1000 克（实耗 60 克）。

烹调方法：1. 将墨鱼肉的内侧剞上麦穗花刀，再切成长 5 厘米、宽 2.5 厘米的长方块。

2. 取小碗，放入精盐、料酒、胡椒粉、味精、清水和湿淀粉调成芡汁。

3. 先将墨鱼汆水后捞出，沥干水分，即投入七成热的油锅中炸成八成熟，沥去油，留底油 10 克，入蒜末、姜末，倒入墨鱼，烹入芡汁，快速翻炒，使芡汁紧包墨鱼，淋上明油即可。

风味特点：色泽洁白，味脆爽口。

（九）满园秋色

原料：莴苣 150 克，水饺 150 克，虾仁 50 克，目鱼丸子 50 克，胡萝卜 50 克。

调料：盐、黄酒、味精、食用油。

烹调方法：1. 莴苣、胡萝卜挖成球状待用。

2. 炒锅入油，待四成热时依次放入水饺、虾仁、莴苣、胡萝卜、目鱼丸子，滑油至熟捞出。

3. 炒锅入少量清水，放入盐、黄酒、味精，倒入原料翻炒即可出锅。

风味特点：色彩艳丽，口感香脆鲜嫩。

（十）秋叶小炒

原料：油菜 200 克，酱肉 150 克，虾仁 50 克，墨鱼花 50 克。

调料：盐、味精、胡椒粉、清油。

烹调方法：1. 将原料切片，焯水待用。

2. 炒锅倒入焯过水的原料滑油至熟。

3. 炒锅入少量清水，放入盐、味精、胡椒粉，倒入原料翻炒入味即可出锅。

风味特点：色彩艳丽，口感香脆。

（十一）芥蓝杏鲍菇

主料：墨鱼、芥蓝、杏鲍菇。

调料：盐、黄酒、胡椒粉、味精、食用油。

烹调方法：1. 墨鱼打泥拌入调料待用。

2. 杏鲍菇切长方形片，酿上墨鱼泥煎熟，芥蓝切花与酿上墨鱼泥的杏鲍菇过油、调味、勾芡，淋入芥末油装盘。

风味特点：色泽明亮，口味清爽。

（十二）满园春色

原料：里脊肉 400 克，墨鱼肉 500 克，鸡脯 600 克，西芹 350 克。

调料：鲍鱼汁 50 克，吉士粉 30 克，味精 30 克，老抽 10 克，湿淀粉 40 克。

烹调方法：1. 将里脊肉、墨鱼肉、鸡脯分别切成丝，上浆。

2. 西芹汆水后，改刀成形，摆成枫叶状；里脊丝、墨鱼丝、鸡丝滑炒后分别装入盘中即可。

风味特点：色彩鲜明，三色三味，美味可口。

（十三）白灼墨鱼

原料：新鲜墨鱼 1 只（350 克左右）。

调料：美味鲜酱油。

烹调方法：将鲜墨鱼放入沸水锅中汆熟，捞出、改刀装盘，食用时在美味鲜酱油里蘸一下吃。

风味特点：原汁原味，具有浓郁海鲜风味。

十五、鱿鱼

鱿鱼又称柔鱼。其胴部长，后端尖，身体滚圆，肉鳍较宽，肉色透明。5—9 月上市。鱿鱼可鲜食，制成干品后即为著名的海味珍品。鱿鱼含蛋白质、脂肪、无机盐都较丰富。特别是干制品含蛋白质高达 60%。中医认为鱿鱼有滋阴养胃、补虚润肤的功效。

（一）白灼鱿鱼

原料：新鲜鱿鱼 1 只（350 克左右）。

调料：美味鲜酱油。

烹调方法：将新鲜鱿鱼放入沸水锅中氽熟，捞出、改刀装盘，食用时在美味鲜酱油里蘸一下吃。

风味特点：原汁原味，具有浓郁海鲜风味。

（二）鱿鱼鲞烤肉

原料：鱿鱼鲞 250 克，猪肉 150 克。

调料：黄酒 10 克，酱油 50 克，白糖 25 克，盐 5 克，味精 10 克，姜末 10 克，葱段 5 克，葱花 5 克，食用油 70 克。

烹调方法：1. 将鱿鱼鲞、猪肉切块待用。

2. 锅烧热滑油，放底油，油热时用姜末、葱段炝锅，随即将肉块、鱿鱼鲞块入锅，烹入料酒，放酱油、白糖，烧至肉上色，放水、盐，大火烧开，转小火烧至汤汁稠浓时改用大火，放味精，撒些葱花即可出锅装盘。

风味特点：鱿鱼鲞干香清鲜，有嚼劲，猪肉软烂，味醇鲜。

（三）五香烤鱿鱼

原料：鲜鱿鱼 1 只（400—500 克）。

调料：酱油 50 克，盐 2 克，黄酒 15 克，白糖 25 克，味精 10 克，姜片 10 克，葱段 5 克，茴香 5 克，桂皮 2 克，葱花 2 克，食用油 75 克。

烹调方法：1. 鱿鱼去内脏，头与身连在一起，氽水待用。

2. 锅烧热，用油滑锅，留底油，投入香料煸出香味，放进鱿鱼，烹入黄酒，加酱油、白糖，烧至鱿鱼上色，加水、盐，盖好用大火烧开，转小火焖烧至汤汁浓稠，加味精，盛出稍凉，改刀装

盘撒葱花即可。

风味特点:色泽红亮,肉质香嫩。

十六、章鱼

章鱼体短、卵圆形,无鳍无骨。头上生有八腕,故又名"八带鱼"。腕上有吸盘。

章鱼含蛋白质15%、脂肪2%,其脂肪含量约为乌贼的4倍、牡蛎的5倍,此外还含有糖、钙、磷、铁、碘、维生素、甲硫氨酸、牛磺酸、胱氨酸等物质,对人体极为有益。中医认为章鱼性平、味甘,有益气养血、收敛生肌、解毒消肿的功效。

白灼章鱼

原料:新鲜章鱼1只(350克左右)。

调料:美味鲜酱油。

烹调方法:将新鲜章鱼放入沸水锅中汆熟捞出,改刀装盘,食用时在美味鲜酱油里蘸一下吃。

风味特点:原汁原味,具有浓郁海鲜风味。

十七、梭子蟹

梭子蟹,又名三疣梭子蟹。头胸甲长79毫米,宽145毫米。头胸甲呈梭形,稍隆起,表面散有细小颗粒,在鳃区的颗粒较粗,胃区、鳃区各具1对横行的颗粒隆线。在中胃区有1个、心区有2个疣状突。前侧缘连外眼窝齿在内有9齿。螯足壮大,长节呈棱柱形,两指较细长,内缘具有钝齿。前3对步足的前节、指节均较扁平,第4对步足为游泳足,长节、前节和指节扁平如桨。雄性肚脐三角形,雌性肚脐半圆形。雄蟹俗称白蟹,雌蟹称门蟹,"门蟹"有膏黄,"白蟹"肉鲜味美。孕卵时雌蟹称籽蟹,雌雄蟹汛期各异。三疣梭子蟹栖息外海底

层，初夏向浅海沿岸移动，在沙质滩边产卵后移向外海。立夏至芒种所捕多为籽蟹，立秋至秋分多白蟹，立冬至小寒雌蟹体内积脂膏，俗称膏蟹，主产于舟山群岛洋鞍、中街山、浪岗、花鸟一带海域。三疣梭子蟹含有丰富的蛋白质、脂肪、碳水化合物和钙、磷、铁等无机盐及维生素，特别是维生素A含量是水产品中最高的。中医认为蟹有散淤血、通经络、续筋接骨、解漆毒、催产下胎和抗结核病等功效。

（一）烤（蒸）梭子蟹

原料：鲜活梭子蟹2只。

烹调方法：烤（蒸）时将梭子蟹壳朝下，直接用旺火烤（蒸）12—15分钟（视蟹的大小而定），再改为小火烤（蒸）2—5分钟，待冷时改刀食用。

风味特点：烤制蟹色泽鲜红带焦色，蟹肉结实、鲜嫩，带有焦香味。蒸制蟹色泽鲜红，蟹肉鲜嫩、蟹味浓鲜，是下饭的佳肴。

（二）酸菜煮白蟹

原料：白蟹2只（400—500克），酸菜100克，土豆100克，粉条75克。

调料：盐15克，高汤350克，浓缩鸡汁5克，鲜山椒

50 克。

烹调方法:白蟹切成块待用,酸菜切片,土豆切块,取炒锅用麻油煎白蟹,放入酸菜、土豆、粉条、高汤同锅煮。加入浓缩鸡汁,放入少许鲜山椒,至熟即可。

风味特点:酸辣可口。

(三)XO 酱蒸白蟹

原料:白蟹 2 只,咸肉 100 克。

调料:XO 酱 80 克,葱丝 5 克,食用油 50 克。

烹调方法:白蟹切块,码放整齐,放入咸肉片,淋上 XO 酱,入蒸笼蒸熟,撒上葱丝,淋热油即可。

风味特点:鲜香可口。

十八、滑皮虾

滑皮虾又名硬壳虾。体长一般在 60—95 毫米,虾壳较厚而坚硬,表皮呈深色,沟处有较长软毛,肉质稍粗。舟山以拖虾作业捕捞。滑皮虾富含蛋白质、脂肪,还含钙、磷、钾、维生素等。中医认为滑皮虾味甘咸,有补肾壮阳、健脾化痰等功效。

(一)盐烤滑皮虾

原料:滑皮虾 250 克。

调料:盐 20 克,酒 10 克,姜片、葱段适量。

烹调方法:将洗净的滑皮虾、姜片、葱段直接放入锅内,加盐翻炒几下随即加酒、水,加锅盖至卤汁干时,虾表面沾满盐花,撒些葱花即可出锅装盘食用。

风味特点:色泽鲜红,肉质结实,味鲜咸。

(二)红烧滑皮虾

原料:滑皮虾 250 克。

调料:酱油 30 克,盐 3 克,料酒 10 克,白糖 20 克,姜末 5 克,蒜泥 5 克,味精 10 克,食用油 50 克。

烹调方法:1. 炒锅烧热,放油,当油热时投入姜末、蒜泥煸出香味,再放酒、酱油、盐、白糖,放入滑皮虾翻炒几下,用大火烧开后,改用小火烧一会儿。

2. 当汤汁浓稠时放入味精,淋上少许热油,撒些葱花即可出锅装盘。

风味特点:色泽红亮,味浓,肉鲜嫩。

(三)避风塘滑皮虾

原料:滑皮虾 350 克,避风塘料(蒜蓉 100 克、粉丝 50 克)。

调料:将面包糠 100 克、小茴香 30 克、香叶 10 克、椰丝 20 克、鸡精 50 克、味精 20 克粉碎,葱花 5 克,食用油 500 克(实耗 75 克)。

烹调方法:1. 滑皮虾背上开刀,取出沙筋,洗净待用。油锅至七成热,放入滑皮虾炸熟待用。

2. 取炒锅放入避风塘料炒熟,放入滑皮虾,撒上葱花略翻即可出锅。

风味特点:色泽金黄,香酥可口。

(四)盐水滑皮虾

原料:滑皮虾 350 克。

调料:盐 50 克,白酒 10 克,姜片 50 克,葱段 25 克,味精 15 克。

烹调方法:将洗净的滑皮虾放入加有盐、白酒、姜片、葱段、味精、冷开水的盘中,20 分钟后即可食用。

风味特点:清鲜,原汁原味。

十九、基围虾

基围,指人工挖掘的海滩塘堰。趁涨潮时在基围内引入海水,同时引入海虾,养至一定时期,趁月色下退潮时放水,用网在闸口捕虾,即称为基围虾。基围虾含蛋白质 18.2%、脂肪 1.4%和多种维生素等。

(一)白灼基围虾

原料:活基围虾。

调料:美味鲜酱油。

烹调方法:将基围虾放入沸水锅中氽熟,捞出装盘,食用时在美味鲜酱油里蘸一下吃。

风味特点:原汁原味,味道鲜美。

(二)吉祥虾酥芝麻仁

原料:基围虾 12 只,生菜少许。

调料:盐、黄酒、鲜辣粉、鸡蛋液、淀粉、芝麻仁、食用油。

烹调方法:将基围虾去头去筋,入味上浆,油炸至金黄色,成盘时洒上香芝麻仁等配料。

风味特点:色泽金黄,富有喜庆气氛。

二十、对虾

对虾体长，大而侧扁，成熟的雌虾长 18—24 厘米，体重 60—80 克，最大者长达 26 厘米，重达 150 克。雄虾长 15—20 厘米，体重 30—40 克，活虾壳薄而光滑透明。

对虾营养丰富，是典型的高蛋白、低脂肪营养食品。含蛋白质 20.6%、脂肪 0.7%，还含有钙、磷、钾、维生素等。中医认为对虾味咸、性温，有补肾壮阳、健脾化痰、益气通乳等功效。

白灼对虾

原料：活对虾。

调料：美味鲜酱油。

烹调方法：将对虾放入沸水锅中氽熟，捞出装盘，食用时在美味鲜酱油里蘸一下吃。

风味特点：原汁原味，味道鲜美。

二十一、虾蛄(富贵虾)

虾蛄是与虾、蟹近似的甲壳类海生生物，属甲壳纲、虾蛄科，体扁，长约 15 厘米。头甲小，胸部后四脚外露。第二对胸肢特大，很像螳螂的前腿。虾蛄含蛋白质 11.6%、脂肪 1.7%和多种无机盐等。

椒盐富贵虾

原料：富贵虾适量。

调料：椒盐、蒜泥、干辣椒、葱段、食用油。

烹调方法：1. 锅烧热放油，当油温升至六成热时投入富贵虾炸至外表淡黄色捞出。

2. 锅留底油，加椒盐、蒜泥、干辣椒、葱段煸出香味，倒入富贵虾翻炒均匀即可装盘。

风味特点：干香味美。

第二节　常用贝壳、海藻类原料及菜肴

一、泥螺

舟山泥螺俗名吐铁（又称土铁），腌制过的泥螺叫黄泥螺。《明天启舟山志·物产》有记："土铁，蜗属，形大如豆，壳薄，生海涂中。"《清定海厅志鱼之属》有记："梅月盛，土人涤去涎，然后盐母涂者佳"、"出县东北桃花山名桃花吐铁"。又有马目泥螺，也是上好品种。到民国时，舟山泥螺远销中国香港以及南洋等地，每年达三吨左右，有"中国泥螺，定海之最"美誉。宋人历元吉曾作《吐铁》诗曰："出身沙际海洋洋，无识无知无酌量。敢与蛟龙争化雨，肯同鱼鳖竞朝阳。免冠喜脱三途难，吐舌甘从五鼎烹。缧网若遭渔者手，辛

酸乞尽百年长。”清人潘朗也有《吐铁》诗曰:“人世风波到处悲,喜侬不作望夫台。树头月出炊香饭,郎担桃花‘吐铁’来。”

(一)炒泥螺

原料:无泥泥螺500克。

调料:蒜泥10克,姜末5克,黄酒10克,酱油10克,盐5克,白糖5克,味精10克,葱花3克,色拉油70克。

烹调方法:将锅烧热,滑油,留少许底油,投入蒜泥、姜末煸炒出香味,放进新鲜泥螺、烹入黄酒,再放盐、白糖,翻炒至熟,出锅前放味精,撒些葱花即可。

风味特点:肉质松脆,味鲜醇。

(二)长蒲泥螺羹

原料:长蒲1条(450克),无泥泥螺200克。

调料:盐10克,鲜辣粉3克,味精3克,湿淀粉30克,色拉油15克。

烹调方法:1.将长蒲去皮洗净,切成丝备用。

2.取锅放清水置火上,加热至60℃时,将泥螺入锅中氽水,待泥螺八成熟时捞出。

3.原锅置中火上放底油,将长蒲丝煸炒至熟,加清水、鲜辣粉烧开后,将氽过水的泥螺入锅,加盐、味精,随即用湿淀粉勾芡,淋上明油即成。

风味特点:泥螺肉脆,清香味鲜。

(三)咸蛋黄焗泥螺

原料:无泥泥螺500克,咸蛋黄100克。

调料:盐5克,淀粉100克,食用油500克(实耗70克)。

烹调方法:1.取养净的泥螺一份500克,沥干水分,撒淀

粉拍粉，入七成热油锅炸熟。

2.炒锅入咸蛋黄末，炒至略起泡，加入调料和炸好的泥螺，翻炒出锅。

风味特点：色泽金黄，香酥鲜嫩。

二、蛏子

蛏子又称“溢蛏”。舟山沿海海涂均产，以舟山六横佛渡产的蛏子最为有名，具有体长、壳薄、肉肥、泥腥少、味鲜等特点。把蛏子外壳泥沙洗净后，放养在装有海水的盆中，待蛏子腹中泥沙吐尽方可烹制。

蛏子含蛋白质较多，亦含少量的无机盐。中医认为其性寒、味咸甘，有补阴清热、除烦止痢的功效。

（一）炒蛏子

原料：活蛏子 400 克。

调料：蒜泥 25 克，干辣椒 2 只，姜末 7 克，黄酒 10 克，盐 8 克，酱油 10 克，白糖 5 克，味精 10 克，葱花 5 克，食用油 70 克。

烹调方法：将锅烧热、滑油，留少许底油，投入蒜泥、干辣椒、姜末煸炒出香味，放入蛏子、烹入黄酒，再放盐、酱油、白糖、味精，翻炒至熟，出锅前放味精、撒些葱花即可。

风味特点：蛏肉鲜嫩，味浓。

（二）拌蛏子

原料：蛏子肉300克。

调料：蒜泥25克，酱油15克，白糖10克，盐8克，味精10克，醋5克，味精10克，麻油10克，葱花5克。

烹调方法：将蛏子在沸水中氽熟，取肉，用蒜泥、酱油、白糖、盐、味精、醋、麻油调成汁，浇在蛏子肉上拌匀即可。

风味特点：蛏子肉鲜嫩爽口。

（三）苔香蛏子

原料：蛏子肉300克，苔菜末35克。

调料：盐5克，黄酒5克，味精10克，面粉200克，生粉65克，发酵粉适量，食用油500克（实耗75克）。

烹调方法：蛏子氽水，取肉，沥干水分，码入基本味，调好脆皮糊，加入苔菜末，制成糊，蛏子肉挂糊入油锅炸酥即可。

风味特点：香鲜脆嫩。

（四）鲜蛏炒粉丝

原料：蛏子200克，粉丝100克，香菇、豆芽适量。

调料：盐、味精、酒、酱油、姜、葱等适量。

烹调方法：1. 将蛏子氽水后，去外壳清洗干净，粉丝泡软晾干，香菇涨发后切丝待用。

2. 炒锅放少量油，加入葱段、姜片煸香，倒入粉丝煸炒后加入蛏子肉、香菇、豆芽、盐、味精、酒、酱油等继续翻炒，几分钟后即可出锅，装盘时撒入葱花或葱段即可。

风味特点：爽滑可口，肉嫩味鲜。

（五）翡翠蛏肉

原料：蛏子肉 300 克，橄榄菜 400 克。

调料：鱼子酱 10 克，葱油汁（由美味鲜 15 克、生抽 20 克、白糖 25 克、老抽 10 克、味精 10 克调成）。

烹调方法：蛏子氽水，取肉待用；橄榄菜修成橄榄状，焯水即熟，码放整齐成一花形，再在花心部分码上蛏肉，点缀上鱼子酱，浇上葱油汁即成。

风味特点：造型美观，口感鲜嫩。

（六）脆炸蛏肉

原料：蛏子 400 克，薯片适量。

调料：面粉、发酵粉、淀粉、盐、味精、鸡精、胡椒粉、色拉油。

烹调方法：1. 先将蛏子氽水，剥去外壳，放入盘中加少许调味品腌制待用。

2. 取碗放入面粉、淀粉、发酵粉，加水调成脆炸糊。

3. 起锅倒入色拉油，待油温升至四成热时，将蛏肉拖糊放入锅中炸成金黄色捞出，依次放在薯片上即可。

风味特点：造型美观，口味香脆。

三、竹蛏

竹蛏壳质脆薄，呈长竹筒形，两壳像两片长竹片，故名。壳面黄色，有铜色斑纹。肉黄白色，常伸出壳外。竹蛏肉质细嫩，味鲜美。鲜食、干制均可。

炒竹蛏

原料：活竹蛏 400 克。

调料:蒜泥25克,干辣椒2只,姜末7克,黄酒10克,盐8克,酱油10克,糖5克,味精10克,葱花5克,食用油70克。

烹调方法:将锅烧热、滑油,留少许底油,投入蒜泥、干辣椒、姜末煸炒出香味,放进新鲜竹蛏、烹入黄酒,再放盐、酱油、糖翻炒至熟,出锅前放味精、撒些葱花即可。

风味特点:蛏肉鲜嫩,味浓。

四、泥蚶

泥蚶壳呈卵圆形,坚厚,顶凸出,放射肋发达,有18—20条。壳表面白色,被覆有褐色薄皮,内面灰白色。

泥蚶肉味鲜美,为南方沿海民众所喜食。泥蚶含有较多的血红素,有补血作用。

水氽泥蚶

原料:活泥蚶500克左右。

调料:美味鲜酱油。

烹调方法:将活泥蚶放入沸水锅中氽熟,捞出装盘,食用时在美味鲜酱油里蘸一下。

风味特点:原汁原味,具有浓郁海鲜风味。

五、毛蚶

毛蚶壳质坚硬,呈长卵圆形,比泥蚶大,右壳稍小,壳面有放射肋约35条,壳面白色,被覆有绒毛状的褐色表皮。

毛蚶肉质较肥嫩,味鲜美,适宜于做汤或凉拌。用毛蚶制作菜肴时要注意火候,加热稍一过度,肉质即变老。毛蚶易污染,食用时一定注意不要夹生食用。

水氽毛蚶

原料：活毛蚶500克左右。

调料：美味鲜酱油。

烹调方法：将活毛蚶放入沸水锅中氽至八成熟，捞出装盘，食用时在美味鲜酱油里蘸一下。

风味特点：原汁原味，具有浓郁海鲜风味。

六、文蛤

文蛤贝壳呈弧线三角形，厚而坚实，两壳大小相等，壳面滑似瓷质，色泽多变，具放射状褐色斑纹，内面白色。

文蛤富有氨基酸、琥珀酸，其味鲜美异常。文蛤含蛋白质11.8%、脂肪0.6%、糖分6.2%，还含有维生素，尤其维生素A、维生素D的含量丰富。中医认为文蛤性平、味咸，有清热、利湿、化痰、散结的功效。

炒文蛤

原料：文蛤300克。

调料：姜末5克，葱花5克，胡椒粉1克，淀粉2克，黄酒10克，酱油5克，盐2克，白糖5克，干泡椒丁少许，味精适量，色拉油30克。

烹调方法：1.先将文蛤用淡盐水漂养、洗净。

2.取小碗一只，把酱油、白糖、盐、味精、胡椒粉、黄酒兑成卤汁。

3.取炒锅置旺火上加热，放色拉油20克，烧至七成热时倒入文蛤快炒，加入姜末、干泡椒丁、兑成的卤汁，用手勺推平，同时不停地转动炒锅至文蛤壳略开时，淋上色拉油10克，放进葱花翻炒几下，把汤汁浇在小碗里澄清，文蛤装盘，浇上

澄清后的汤汁即成。

风味特点：文蛤味鲜、柔嫩。

七、扇贝

常见的为栉孔扇贝。扇贝因其贝壳呈扇形而得名。扇贝壳表面有放射肋，表面颜色有紫红或橙红色，极美丽，开闭壳肌很发达，取下即为鲜贝。鲜贝含有蛋白质 14.8%、粗脂肪 0.1%、糖分 3.4% 及磷、钙、铁等。

葱油扇贝

原料：扇贝 15 只。

调料：姜丝 5 克，葱丝 5 克，胡椒粉 1 克，黄酒 10 克，美味鲜酱油 5 克，盐 2 克，干辣椒丝少许，白糖、味精少许，色拉油 30 克。

烹调方法：1. 先将活扇贝放入盘中，放酒、姜片、葱段上笼蒸熟，去掉姜片、葱段和半边壳，再放上姜丝、葱丝、干辣椒丝。

2. 取小碗一只，把酱油、白糖、盐、味精、胡椒粉、黄酒兑成卤汁。

3. 将小碗中卤汁倒入炒锅中置旺火上加热，烧沸后勾薄芡浇在扇贝肉上。

4. 炒锅置旺火上加热放油 50 克至八成热时，将热油浇在扇贝肉上即成。

风味特点：肉嫩味美，原汁原味。

八、香螺

又称黄镶玉螺，壳较薄、坚实、呈梨状，壳面呈黄褐色，壳顶部呈青灰色。栖息潮间带泥或沙滩上，爬过的涂面留有踪迹，因此可凭其踪迹轻易采拾。

香螺肉质鲜美，尾部有膏，食有香味。

（一）雪汁香螺

原料：香螺 400 克。

调料：雪菜汁 300 克，味精 3 克，盐 2 克。

烹调方法：先将香螺用淡盐水漂养、洗净；取大碗一只，把香螺、盐、味精放入大碗内，再倒入雪菜汁上蒸锅蒸熟即可。

风味特点：香螺肉质鲜香，雪菜汁清口，别具风味。

（二）千岛螺拼

原料：香螺 300 克，黄螺 300 克，芝麻螺 300 克，海瓜子 200 克。

调料：雪菜汁、美味鲜酱油、白糖、味精、蒜泥、姜末、湿淀粉、食用油。

烹调方法：将上述海螺汆水待用；四种海螺分别用雪菜汁、白灼、酱爆、葱油四种烹调手法加工，放在四个玻璃盅内。

风味特点：风味独特，食之多样化。

九、海瓜子

又称彩虹明缨蛤，壳薄脆，呈长卵形，表面灰白色，带粉红底色。其形似瓜子，故名海瓜子。栖息于低潮带泥沙质滩涂中，为沿海地区特产。海瓜子肉质甚鲜美，但多含泥沙，需先用淡盐水养出泥沙，再烹调。

葱油海瓜子

原料：海瓜子 300 克。

调料：姜末 5 克，葱花 5 克，胡椒粉 1 克，干淀粉 2 克，黄酒 10 克，酱油 5 克，盐 2 克，白糖 5 克，干泡椒丁少许，味精少许，色拉油 30 克。

烹调方法：1. 先将海瓜子用淡盐水漂养、洗净。

2. 取小碗一只，把酱油、白糖、盐、味精、胡椒粉、黄酒兑成卤汁。

3. 取炒锅置旺火上加热，放色拉油 20 克，烧至七成热时加入海瓜子速炒，加入姜末、干泡椒丁，加入兑成的卤汁，用手勺推平，同时不停地转动炒锅至海瓜子壳略开时，淋上色拉油 10 克，放进葱花翻炒几下，把汤汁浇在小碗里澄清，海瓜子装盘，浇上澄清后的汤汁即成。

风味特点：海瓜子味鲜，柔嫩。

十、牡蛎

牡蛎又称蛎蟥，附岩而生，相连如房，每当潮来，诸房皆

开,故又名蛎房。牡蛎肉味鲜美,营养丰富,每年 12 月至翌年 4 月为上市季节。

牡蛎炒蛋

原料:牡蛎 100 克,鸡蛋 3 个。

调料:盐 4 克,葱花 1 克,黄酒 10 克,味精 2 克,色拉油 100 克。

烹调方法:1. 牡蛎去沙砾、杂质,反复冲洗干净、沥干。

2. 鸡蛋液入碗内打匀,加盐待用。

3. 锅至旺火上,放底油烧至九成热时,用手勺盛起一半油于勺中,左手持碗把蛋液从离锅 30 厘米高处冲入油中,随即冲入手勺中热油,倒入牡蛎,旋锅 10 秒左右,大翻,再旋锅,烹入黄酒,加味精,出锅,撒上葱花,快速上席。

风味特点:牡蛎鲜嫩清香,蛋松软油润,富有地方风味。

十一、海带

长带状,革质,一般长 2—4 米,最长 7 米。全株分 3 部分,下部为分枝的假根,是固着器;中部为一短而圆的柄;上部为扁平狭长的带片,是食用部分。海带含碘、钙等矿物质特别丰富,对缺碘引起的甲状腺肿大疾病有防治作用。中医认为海带性寒、味咸,有软坚化痰、清热利水的功效。

(一)海带豆腐汤

原料:水发海带 200 克,豆腐 150 克。

调料:盐适量,葱花 1 克,黄酒 10 克,味精 2 克,鸡精适量,麻油 10 克。

烹调方法:1. 海带、豆腐分别切片。

2. 炒锅加清水,水烧开后放入海带、豆腐,加盐、黄酒、鸡精调准口味，淋上麻油，装入汤碗中，撒上葱花即可。

风味特点：味清鲜、营养丰富。

（二）白菜海带丝

原料：白菜心、水发海带。

调料：香菜碎、蒜末、盐、酱油、醋、白糖、鸡精、辣椒油、香油。

烹调方法：1. 白菜心洗净、切丝，水发海带洗净、切丝，入沸水锅中煮 10 分钟，捞出晾凉，沥干水分。

2. 取小碗，放入蒜末、盐、酱油、醋、白糖、鸡精、辣椒油和香油搅匀，作为调味汁。

3. 取盘，放入白菜丝和海带丝，淋入调味汁拌匀，撒入香菜碎即可。

风味特点：爽口的白菜心拌入筋道的海带丝，酸甜适口，麻辣咸香，可用来下酒或下饭。

十二、紫菜

紫菜藻体呈薄膜状，紫菜的固着器为盘状，生长于浅海潮间带的岩石上。紫菜含有丰富的矿物质、维生素、蛋白质等营养成分，特别是钙、磷、碘、维生素 A、维生素 B 及氨基酸等，常食对人体健康大有裨益。中医认为紫菜性寒、味甘咸，有化痰软坚、清热利尿等功能。

紫菜蛋汤

原料：紫菜 10 克，鸡蛋 1 个。

调料：盐适量，鸡精、美味鲜酱油适量，葱花 1 克，黄酒 10 克，味精 2 克，麻油 10 克。

烹调方法：1. 鸡蛋液入碗内打匀待用；炒锅加清水，水烧

开后放入蛋液。

2. 取汤碗一只，碗内放入盐、美味鲜酱油、黄酒、味精、鸡精以及撕成小片的紫菜，将锅中蛋汤倒入汤碗内调准味道，淋上麻油，装入汤碗中，撒上葱花即可。

风味特点：味道鲜美、营养丰富。

第二章 渔家乐常用淡水类原料及菜肴

第一节 淡水鱼类原料及菜肴

一、鲥鱼

鲥鱼体侧扁，口大无牙，头及背灰绿黑色，腹部银白色，腹有一棱形鳞。体被覆有大而薄的鳞片，上有细纹。鲥鱼一般3—4龄成熟。体重一般在1千克左右，大的可达3千克。

中医认为鲥鱼性平、味甘，有温中补虚、滋补强身、清热解毒的功效。鲥鱼含蛋白质16.9％、脂肪17％及矿物质、维生素B、烟酸等，亦含少量碳水化合物。

清蒸鲥鱼

原料：鲥鱼1条（600克左右）。

调料：盐6克，味精10克，黄酒10克，酱油10克，姜片10克，葱段5克。

烹调方法：鲥鱼去鳃，鱼身两面剞上一字花刀后放入盘中，加入盐、味精、黄酒、少许酱油、姜片、葱段，蒸熟即可。

风味特点：软鳞可食，鳞中含油，肉质鲜美。

二、鲤鱼

鲤鱼体长，侧稍扁，腹部较圆，头后背部有隆起，鳞大而

圆，较紧实。口下位，有吻须及颌须各一对，颌须长为吻须的两倍。背鳍和臀鳍具有硬棘，尾鳍叉形，体背灰黑色或黄褐色，体侧黄色，腹部灰白色。其体色常随栖息水域的颜色不同而异。

鲤鱼含蛋白质20%、脂肪1.35%—2.7%，并含多种维生素及无机盐。中医认为鲤鱼味甘、性平，有利尿、消肿、通乳的功效。

红烧鲤鱼

原料：鲤鱼1条（500—600克），笋、香菇少量。

调料：葱花3克，姜末3克，盐3克，酱油50克，料酒10克，白糖20克，味精8克，色拉油75克。

烹调方法：1.把鱼洗净、去鳃，在鱼身两面剞上十字花刀、抹上酱油，用七成热油锅，下鱼炸至外表结壳捞出。

2.炒锅上火，放少量底油，投入姜末、葱花、笋丝、香菇丝，稍炒烹入料酒，加些水，放入鱼、酱油、白糖，加盖用大火烧沸，转小火烧透入味，当汤汁快要干时，加入味精，用大火收汁，撒些葱花即可出锅装盘。

风味特点：色泽红亮，口感鲜嫩。

三、鲫鱼

鲫鱼体侧扁，稍高，头小。长约7—20厘米，背部青褐色，腹部银灰色，口端位，无须。背鳍和臀鳍具有硬刺，尾鳍呈叉形。

鲫鱼含蛋白质13%—19.5%、脂肪1.1%—3.4%，还含有磷、钙等无机盐和维生素。中医认为鲫鱼性平、味甘，有健脾利湿的作用。

红烧鲫鱼

原料:鲫鱼2条(500—600克),熟笋肉50克,水发香菇30克。

调料:葱花3克,姜末3克,盐3克,酱油50克,料酒10克,白糖20克,味精8克,色拉油75克。

烹调方法:1.把鱼洗净、去鳃后,在鱼身两面剞上十字花刀,抹上酱油,笋肉、香菇切丝。

2.用七成热油锅,下鱼炸至外表结壳捞出。

3.炒锅上火,放少量底油,投入姜末、葱花、笋丝、香菇丝稍炒,烹入料酒,加些水,放入鱼、酱油、白糖,加盖用大火烧沸,转小火烧透入味,当汤汁快要干时,加入味精,用大火收汁,撒些葱花即可出锅装盘。

风味特点:色泽红亮,口感鲜嫩,味透肌里。

四、鲢鱼

鲢鱼体侧扁,一般体长为10—40厘米,大的可长达1米,重达30千克。鱼头大约占体长的1/4,口较大,眼下侧位,体银灰色,鳞片细小。腹部的腹鳍前后有肉棱。胸鳍末端伸达腹鳍基部。

鲢鱼含蛋白质14.8%—18.6%,还含有钙、磷、铁等无机盐。中医认为鲢鱼性温、味甘,有暖胃、补气、润肤、利水的功效。

(一)安吉船头鱼

原料:鲢鱼1条(约1500克)。

调料:葱、盐、味精、白糖、酱油、十三香、麻辣鲜、料酒、老姜、干辣椒若干。

烹调方法：1. 将鱼宰杀洗净后对半剖开，加工成块状，稍经腌渍。

2. 锅烧热加少许油，葱、姜、辣椒炝锅后，鱼块下锅煎一两分钟，倒入料酒、酱油，加入适量冷水，以浸没原料为度，大火烧沸；再放入其余调料加盖，中火烧至入味即可。

风味特点：鱼肉细嫩且富有弹性，味道鲜美，汤汁浓稠。

(二)鱼头豆腐煲

原料：鲢鱼头 350 克，豆腐 200 克。

调料：精盐 10 克，料酒 30 克，姜 10 克，葱 10 克，味精 5 克，胡椒粉 2 克。

烹调方法：1. 鱼头挖去鱼鳃，在鱼头的背肉处各剞一刀，洗净。

2. 将豆腐切成骨牌片，焯水备用。

3. 炒锅洗净、烧热，加入油 80 克，烧热，放入鱼头，略煎一下，两面煎至微黄时，加入料酒、姜片、葱段，兑入适量的开水，盖上锅盖，用旺火烧约 10 分钟，撇去浮沫，加入豆腐，继续烧 5 分钟，再放入精盐、味精，撒入胡椒粉，装入煲中略炖。

风味特点：汤浓如奶，鲜美可口。

五、鳙鱼

鳙鱼体侧扁，较高，一般体长为 10—40 厘米，大的可达 1 米，重达 40 千克。头大约占体长的 1/3，口较大，眼下侧位，鳞细小，体背暗黑色，体侧具有不规则的小黑点。腹面从腹鳍至肛门有肉棱，胸鳍末端伸越腹鳍基底。栖息于河水的中上层，食浮游生物，性温顺，生长快，个体大。

鳙鱼含蛋白质 14.9％—18.5％，还含有钙、磷、铁等无机盐。中医认为其性温、味甘，有暖胃补虚的功效。

（一）千岛湖鱼头

原料：鳙鱼头1个（2000—2500克）。

调料：姜、葱、盐、食油、青菜心、料酒、味精适量。

烹调方法：1.将鱼头去鳃及鳞，洗净，对半剖开，姜切片，葱切段，青菜心洗净待用。

2.锅烧热，加入食油，将鱼头两面稍煎片刻，再加入姜片，煸炒后烹入料酒，加入汤水加盖，用大火烧沸，撇去浮沫，转中火炖煮20分钟，放入精盐，调好口味，放入青菜心、葱花，汤沸后装盘。

风味特点：肉质细嫩，汤汁鲜美。

（二）剁椒鱼头

原料：鳙鱼头1个。

调料：剁椒100克，姜15克，葱15克，料酒10克，味精5克。

烹调方法：1.姜切成丝，葱切成段。

2.将鱼头去腮，洗净，剖成两半，放入稍深一点的盘子中。

3.在鱼头上铺一些姜丝，放入四五勺剁椒（剁椒量可根据个人口味而定），放入味精、料酒、色拉油（20克），放入蒸锅，水开后蒸15分钟左右取出，洒上绿葱段上桌。

风味特点：色泽红亮，鱼肉细嫩，味鲜微辣。

六、草鱼

草鱼体长，亚圆筒形，尾部稍侧扁，一般体重1—2千克，大者可达40千克。青黄色，头宽平，口端位，无须。背鳍与腹鳍相对，各鳍均无硬刺。

草鱼含蛋白质17.9％、脂肪4.3％，还含有钙、磷、铁和维

生素 B、烟酸等。中医认为其性温、味甘，有暖胃和中、平肝祛风的功效。

(一)清汤鱼圆

原料：草鱼肉、菜心、水发香菇、火腿。

调料：清汤、蛋清、盐、色拉油、味精。

烹调方法：1.菜心择洗净，火腿切片，香菇切片。

2.草鱼肉洗净，用刀刮成鱼蓉，放入搅拌器中，加适量清水搅打鱼泥，放在纱布上，用清水洗净血水，挤去水分，加盐和蛋清，用手朝一个方向搅打至上劲，淋入色拉油搅匀。

3.锅置火上，倒入适量清水，用球形勺舀鱼泥放入水中，借助水的浮力使其脱勺成鱼圆，煮熟，盛出。

4.锅置火上，倒入清汤，用盐和味精调味，烧开后放入鱼圆、菜心、火腿、香菇，煮开即可。

特点：鱼圆软嫩，富有弹性；汤色透明，清爽适口。

(二)珍珠珊瑚

原料：草鱼 1000 克，海蜇头 300 克，青椒和红椒少许。

调料：盐、料酒、葱姜汁、胡椒粉、味精、食用油。

烹调方法：将草鱼去骨去皮，剁成泥，放入盐、料酒、葱姜汁、胡椒粉、味精，打成蓉，制作成珍珠状。海蜇头切片，然后将鱼珠和海蜇头以及青椒片、红椒片炒熟即可。

风味特点：口感鲜、嫩、滑，色泽美观。

(三)西湖醋鱼

原料：鲜活草鱼 1 条(重约 700 克)。

调料：白糖 60 克，酱油 75 克，香醋 50 克，料酒 25 克，姜末 2.5 克，白胡椒粉适量。

烹调方法：1. 将饿养 1—2 天的鱼剖杀，去鳞、鳃与内脏，洗净，将鱼身从尾部入刀，剖劈成雌雄两片（连脊骨的为雄片，另一边为雌片），斩去鱼牙。

2. 鱼的雄片从离鳃盖 4.5 厘米开始，每隔 4.5 厘米左右斜批一刀，共批 5 刀，刀口斜向头部，刀距及深度要均匀，第 3 刀批在腰鳍 0.5 厘米处折断，雌片剖面的脊部厚肉处同，从尾至头向腹部斜剞一长刀（深约 4/5），不能损伤鱼皮。

3. 锅内加水，旺火烧开，将鱼皮朝上，下锅煮约 3 分钟至熟（划水鳍竖起、眼珠突出），用漏勺捞出，鱼皮朝上平放在盘中。

4. 锅上火，放入汆鱼的原汤 250 克，加料酒、酱油、白糖、姜末烧开，加醋，用湿淀粉勾芡，撒入白胡椒粉，淋油浇遍鱼的全身即成。

风味特点：色泽红亮，酸甜适宜，鱼肉结实，鲜美滑嫩，是杭州传统风味名菜。

七、青鱼

青鱼体形长，亚圆筒形，尾部稍侧扁，一般身长 10—40 厘米，大者长达 1 米，重达 50 千克。青黑色，鳍为黑色。头宽平，口端位，无须。水底层栖息。主食螺蛳、蚌等软体动物和水生昆虫。个体大，生长迅速，为我国淡水养殖鱼类主要品种之一。

青鱼含蛋白质 17.9%、脂肪 4.2%，还含有磷、钙、铁、维生素、烟酸等。中医认为其味甘、性温，有暖胃和中、平肝祛风的功效。

八、黑鱼

黑鱼鱼体亚圆形，一般体长 25—40 厘米，大的可长达 50

厘米。青褐色，有3纵行黑色斑块，眼后至鳃孔有2条黑色横带。头大，头部扁平，口大，牙尖，吻部圆形。背鳍、臀鳍特长。腹部灰白色。

黑鱼含蛋白质18.8%—19.8%、脂肪0.8%—1.4%。中医认为其性寒、味甘，具有健脾利水、益气补血和通乳等功效。

酸菜鱼

原料：黑鱼或青鱼中段500克，酸菜1袋，野山椒1瓶，鸡蛋1只。

调料：白醋50克，白糖5克，味精20克，干辣椒10克，精盐5克，料酒30克，蒜头、姜、葱、胡椒粉、芝麻少许。

烹调方法：1.鱼中段去骨、去腹刺，顶刀片成薄片，脊内、腹刺斩成块，酸菜改刀成寸长的段，用水泡一下。

2.鱼肉放入蛋清、精盐、味精、料酒，抓匀上浆。

3.锅烧热后放入50克油，将鱼块煎到两边发黄，放入干辣椒、蒜片、姜片、葱段、酸菜煸炒几下，兑入适量的水，烧开后放入野山椒、白糖、味精，烧约10分钟，用漏勺将酸菜同鱼块捞出，垫入碗底。

4.将汤汁烧沸时，把鱼片下锅汆熟，即刻捞出，盖在酸菜上，然后放入白醋、胡椒粉、蒜泥、葱花、芝麻，把汤汁倒入碗中。

5.锅洗净后放入50克辣椒油，烧热后浇在调料上炸香。

风味特点：鱼肉鲜嫩，味鲜香，酸菜爽脆，微辣。

九、鳊鱼

鳊鱼体高，侧扁，呈菱形，体长32—40厘米，腹面后部有肉棱。头小，口宽，银灰色，鳞片基部灰黑，边缘较淡，腹部灰白。于河水下层栖息，食草性。

鳊鱼含蛋白质15.4%—21%，脂肪含量因产地不同悬殊甚大，以湖北产的较好。中医认为其性平、味甘，能健脾、健胃。

葱油鳊鱼

原料：鳊鱼1条(300克)。

调料：姜丝5克，葱丝5克，胡椒粉1克，干淀粉2克，黄酒10克，酱油5克，盐2克，白糖5克，干泡椒丁少许，味精少许，色拉油30克。

烹调方法：1.先剖腹去内脏、鱼鳃，洗净，剞一字花刀。

2.取小碗一只，把酱油、白糖、盐、味精、胡椒粉、黄酒兑成卤汁。

3.将鳊鱼在水中氽熟或蒸熟，放入鱼盘中，将姜丝、葱丝、干泡椒丁放在鱼上。

4.取炒锅置旺火上加入兑成的卤汁，烧沸后浇在鱼身上。

5.取炒锅放色拉油50克置旺火上加热，当油温升至八成热时，将热油浇在鱼身上即可。

风味特点：肉嫩，含脂量大，味鲜。

第二节 其他淡水类原料及菜肴

一、鳗鲡(河鳗)

鳗鲡鱼体较长，达60厘米，前部近圆筒形，后部侧扁，背侧为灰褐色，下方白色，背鳍和臀鳍狭长，与尾鳍相连，无腹鳞。鳞细小，隐没皮下。

鳗鲡含蛋白质17.2%、脂肪7.8%，还含有钙、磷、铁及多种维生素等。中医认为鳗鲡性平、味甘，具有补阴功效。

清蒸河鳗

原料：活河鳗1条（500—700克）

调料：黄酒10克，姜片5克，葱段5克，美味鲜酱油一小碟。

烹调方法：1.河鳗宰杀去内脏，洗净，再将河鳗肚皮连着切成2厘米长的段。

2.加黄酒、姜片、葱段蒸熟，去掉姜片、葱段，上桌时随带美味鲜酱油一小碟即可。

风味特点：鳗肉软烂，味鲜美。

二、鳝鱼

鳝鱼体细长，长25—50厘米。黄褐色，具有暗色斑点。头部较大，唇厚，眼小。腹部以前呈圆筒形，尾部尖细侧扁，无胸鳍和腹鳍。背鳍、臀鳍低平与尾鳍相连。体黏滑，无鳞，无须。

鳝鱼死后体内丰富的组胺酸迅速分解成有毒物质，故死鳝鱼不能食用。中医认为鳝鱼性温、味甘，有补虚损、除风湿、强筋骨的功效。糖尿病患者常食鳝鱼有益。

宁式炒鳝丝

原料：熟鳝鱼丝300克，熟笋丝100克，韭菜50克。

调料：姜丝5克，姜汁水10克，绍酒25克，胡椒粉1克，美味鲜酱油30克，味精1.5克，湿淀粉25克，葱白段5克，白汤75克，芝麻油25克。

烹调方法：1.将鳝鱼丝切成5厘米长的段，锅烧热放油，油温至五成热时，投入葱白段煸出香味。

2.下鳝鱼丝、姜丝煸炒，烹上绍酒和姜汁水，加锅盖稍焖，

然后加入酱油翻锅,放入笋丝和白汤稍烧,加入韭菜、味精、葱段,用湿淀粉勾芡,随即淋上芝麻油,将锅内鳝鱼丝颠翻几下,撒上胡椒粉即成。

风味特点:鲜咸合一,鲜嫩软滑。

三、泥鳅

泥鳅主要栖息于湖泊、池塘、水田中的泥底,水干时常钻入泥中。我国除西部高原外,各地均产,是常见的小型食用鱼种。

中医认为泥鳅肉味甘、性平,可补中益气、祛湿邪。

烤泥鳅

原料:活泥鳅 500 克。

调料:绍酒 25 克,胡椒粉 1 克,美味鲜酱油 30 克,白糖 10 克,味精 1.5 克,蒜泥 5 克,姜末 5 克,葱段 5 克,干辣椒适量,食用油 250 克(实耗 25 克)。

烹调方法:1. 将泥鳅宰杀,去内脏,洗净。

2. 锅烧热放油,当油温升至五成热时,将泥鳅放入油锅中炸熟捞出,待油温升至七八成热时,再将泥鳅放入,复炸至泥鳅表皮结壳捞出。

3. 锅放少许油烧热,放蒜泥、姜末、葱段、干辣椒煸出香味后,倒入美味鲜酱油 30 克、白糖 10 克、绍酒、泥鳅和水,用大火烧开,小火烧烤至汤汁浓稠,放味精即可出锅。

风味特点:咸、鲜、甜、辣各味俱全,是下酒美肴。

四、河蟹

河蟹是我国产量最大的淡水蟹类。头胸甲呈方圆形,通常褐绿色。螯足强大,密生绒毛,步足侧扁而长。成蟹在秋季

迁移于河口咸淡水中产卵,而后抱卵的雌蟹离开咸淡水,到附近的浅海中生活,卵于翌年3—5月孵化,幼体经多次变态,发育成幼蟹,幼蟹自海中迁入淡水中生活。

河蟹必须鲜吃。一旦死亡后,体内的病菌会很快侵入肌肉,并大量繁殖,使蟹肉腐败变得有毒,食之会中毒。

蒸河蟹

烹调方法:将河蟹脚用麻绳绑牢,放入蒸笼蒸15分钟即可,吃时去掉麻绳。

五、甲鱼

甲鱼头似圆锥形,吻长而突出,颈长,伸缩性很强,四肢肥壮,能缩入背腹甲之间。四肢各有5指,其中3指有爪,躯干近圆形,背有骨质甲,通常为黑褐色,可入药。骨质甲四周有一圈软组织,俗称"裙边"。腹部乳白色。尾部短小,呈三角形,雄性的尾伸出甲外,雌性的尾不露出甲外。

甲鱼富含蛋白质,并含有脂肪、碳水化合物、无机盐、硫胺素、核黄素、烟酸、维生素A等多种营养成分,易消化,热量高,有促进血液循环的功能。民间有喝甲鱼血以补养身体之说。中医认为甲鱼性平、味甘,肉有滋阴、清热、健骨等功效,具有较好的滋补作用。

清炖甲鱼

原料:活甲鱼1只(500—600克),鸡块250克。

调料:盐适量,黄酒10克,姜片5克,葱段5克,味精少许。

烹调方法:将甲鱼宰杀,去内脏,洗净,放入沸水锅中洗去外衣;再将甲鱼斩成2厘米长的块,与鸡块放入沙锅中,加水、

黄酒、姜片、葱段炖2小时，待甲鱼肉烂时放盐、味精即可装盘食用。

风味特点：甲鱼肉软烂，配有鸡块，营养更佳。

第三章 渔家乐常用蔬菜、食用菌类原料及菜肴

第一节 常用蔬菜及菜肴

一、大白菜

大白菜一般上市季节在9—11月。大白菜按成熟季节可分为早、中、晚三个品种,其中以晚熟品种产量最大,耐储存。

大白菜含钙和维生素C较多,同时含有较多的锌和粗纤维。中医认为大白菜性平、味甘,有养胃消食、清热解渴的功效。

(一)核桃仁扒白菜

原料:大白菜、核桃仁、南瓜蓉。

调料:高汤、味精、盐、白糖、料酒、水淀粉。

烹调方法:1. 大白菜去菜帮,取叶,洗净,用手撕成片,放入开水锅中焯软,捞出,沥干水分;核桃仁洗净,掰成小块。

2. 锅置火上,倒入适量高汤,放入南瓜蓉和核桃仁,用味精、盐、白糖和料酒调味,烧至开锅并有香味逸出,加焯过水的白菜叶烧至入味,用水淀粉勾芡即可。

风味特点:清淡爽口,营养丰富。

(二)手撕白菜

原料:大白菜。

调料:葱花、干红辣椒段、花椒粉、盐、蒜末、鸡精、植物油。

烹调方法:1.大白菜择洗干净,撕成小片。

2.锅置火上,倒入适量植物油,待油温烧至七成热时放入葱花、干红辣椒段和花椒粉炒香,倒入大白菜炒熟,加盐、蒜末和鸡精调味即可。

风味特点:口感清淡,鲜美入味,咸香微辣。

二、小白菜

小白菜为一年或两年生草本植物。植株一般较矮小,茎短缩,叶多无茸毛,叶片呈勺形、圆形、卵形或长椭圆形等,浅绿或深绿色。

小白菜含有较丰富的无机盐和维生素,还含有较多的粗纤维。

油豆腐小白菜

原料:小白菜、油豆腐。

调料:蒜泥、干辣椒、盐、黄酒、味精、水淀粉、食用油。

烹调方法:1.小白菜洗净切块。

2.锅置火上放油,油热后放入蒜泥、干辣椒煸炒,再放入小白菜、油豆腐翻炒,加盐、黄酒、水继续翻炒,烧至入味,在出锅前加味精,用水淀粉勾芡即可。

风味特点:口感清淡,咸鲜微辣。

三、芹菜

芹菜为一年生草本植物,叶柄发达,中空,色绿白或翠绿。

芹菜中含有较多的维生素、纤维素、挥发油、钙、磷、铁等。中医认为芹菜有清热利水之功效，还有降血压的作用。

芹菜炒豆芽

原料：芹菜、黄豆芽。

调料：干辣椒、盐、黄酒、味精、食用油。

烹调方法：1.芹菜洗净切段。

2.锅置火上放油，油热后放入干辣椒、盐、黄豆芽煸炒至黄豆芽八成熟，再放入芹菜翻炒，同时放黄酒、味精炒熟即可。

风味特点：芹菜、豆芽香脆，是下酒的美肴。

芹菜还可以与鳗干、香干、肉丝同炒，烹饪方法同上。

四、韭菜

韭菜叶细长而柔软，翠绿色。

韭菜除含有一定的维生素、矿物质外，还含有挥发油和硫化物等成分，这些成分是韭菜香气的来源，这种香气具有兴奋和杀菌的功能。韭菜的粗纤维较多，且较坚韧，不易被消化，故不宜一次多食。有消化系统疾病的人不宜食韭菜。

韭菜炒豆芽

原料：韭菜、绿豆芽。

调料：蒜泥、干辣椒、盐、黄酒、味精、食用油。

烹调方法：1.韭菜、绿豆芽洗净，韭菜切段。

2.锅置火上放油，油热后放入蒜泥、干辣椒、盐、韭菜、绿豆芽煸炒，边炒边放黄酒、味精，炒熟即可出锅装盘。

风味特点：下酒美肴。

韭菜还可以与蛋、肉丝同炒。

五、菠菜

菠菜为一年生草本植物。主根粗长，赤色，带甜味。

菠菜叶、根均可食用，营养丰富，含多种维生素和无机盐，特别是维生素A、维生素C、维生素K、磷、蛋白质等含量较一般蔬菜高。菠菜含有较多的草酸，烹制前应先在开水中焯一下，以去掉大部分草酸。

（一）炒菠菜

原料：菠菜。

调料：蒜泥、干辣椒、盐、黄酒、味精、食用油。

烹调方法：1. 菠菜清洗干净，放入沸水锅中焯30秒捞出，晾凉，沥干水分，切段。

2. 锅置火上放油，油热后放入蒜泥、干辣椒、盐，煸出香味，再放菠菜、黄酒、味精，翻炒几下即可出锅装盘。

风味特点：色彩碧绿，咸甜爽口。

（二）菠菜拌蛋皮

原料：菠菜、鸡蛋。

调料：盐、味精、香油、植物油。

烹调方法：1. 菠菜清洗干净，放入沸水锅中焯30秒捞出，晾凉，沥干水分，切段；鸡蛋洗净，磕入碗内，打撒。

2. 煎锅置火上，倒入适量植物油，待油温烧至五成热时倒入蛋液，摊成薄蛋皮，盛出，切丝。

3. 取盘，放入菠菜段和蛋皮丝，用盐、鸡精和香油调味即可。

风味特点：黄绿相间，味道鲜美，清淡爽口，简单易做。

六、生菜

生菜植株矮小，叶为扁圆、卵圆或狭长形。

生菜营养一般，但中医认为其味苦、性寒，可治热毒、疮肿、口渴。

生菜扒鸡腿

原料：鸡腿、生菜叶。

调料：蒜末、葱末、姜末、料酒、鸡精、酱油、盐、白糖、水淀粉、植物油。

烹调方法：1.鸡腿洗净，抹匀酱油，腌 15 分钟；生菜叶洗净，均匀地铺在盘中。

2.炒锅置火上，倒入适量植物油，待油温烧至五成热时放入鸡腿炸熟，捞出。原锅留油底，烧至七成热，下蒜末、葱末、姜末炒出香味，加料酒、酱油、白糖、鸡精、盐和水淀粉，放鸡腿翻炒均匀，待汤汁收干后盛出鸡腿，摆放在生菜叶上即可。

风味特点：外酥里脆，肉香四溢。

七、竹笋

竹笋，竹类的嫩茎。中医认为竹笋可治消渴、利水道、益气，常吃竹笋在预防动脉硬化、高血脂、便秘、糖尿病等方面有一定功效。

（一）锅仔野山笋

原料：野山笋、咸肉、雪菜。

调料：盐、味精、熟猪油、高汤、姜。

烹调方法：1.野山笋洗净除去节头，切成段，咸肉切片。

2.锅烧热入猪油、姜、干辣椒炒香。倒入咸肉、野山笋煸

炒断生，再加高汤、味精烧开，撇去浮沫改用小火。

3. 野山笋烧透入味再加雪菜，淋上猪油，装入锅仔中即成。

风味特点：味道鲜美，营养丰富，百吃不厌。

(二)炒雪冬

原料：熟冬笋 150 克，腌雪里红 150 克。

调料：精盐 2 克，味精 1 克，料酒 5 克，麻油 5 克。

烹调方法：1. 将雪里红去根及老叶，洗净，切成细末，用清水泡 1 小时待用。冬笋切成 3.5 厘米长的细丝备用。

2. 炒锅上火，放入油 50 克，烧热，放入挤干水分的雪里红末，煸炒出香味，再加进冬笋丝，略微煸炒一下，放入料酒、精盐和少许开水，盖上锅盖，焖 1 分钟，再放入味精，用水淀粉勾芡，淋入麻油，装盘即成。

风味特点：雪里红与冬笋相配，色彩青白分明，雪菜脆嫩，冬笋鲜香，鲜咸适口。

(三)炒双冬

原料：冬笋 300 克，冬茹(香菇)200 克。

调料：料酒 5 克，盐 2 克，酱油 10 克，味精 5 克，白糖 5 克，葱 10 克。

烹调方法：1. 冬菇用温水泡发，剪去蒂并洗净，大的切成两半。冬笋去皮切成 4 厘米长、3 厘米宽、0.3 厘米厚的骨牌片，葱切成段。

2. 锅中放水，烧开后，将冬笋、香菇分开焯水。

3. 炒锅置火上烧热，滑锅下油，将笋片入锅，稍炒即放入汤和冬菇，煮 2 分钟，加酱油、精盐、白糖再煮约半分钟，加入味精，用湿淀粉调稀，勾薄芡，撒入葱段，淋上麻油，起锅装盘。

风味特点：黑白分明，冬笋鲜嫩爽脆，冬菇香鲜柔糯。

八、茭白

茭白外披绿色叶鞘，顶部尖，中下部粗，略呈纺锤形。中医认为其味甘、性寒，能解热毒、利二便。

糟味茭白

原料：茭白。

调料：葱姜水、高汤、糟酒、盐、味精、白糖、水淀粉、植物油。

烹调方法：1. 茭白去老皮，洗净，切成滚刀块。

2. 锅置火上，倒入适量植物油烧热，放入茭白块煎至微黄，盛出。原锅倒入姜葱水、高汤，放入茭白块、盐，煮出香味，加入白糖和糟酒，烧开后用小火煨 3 分钟，用味精调味，加水淀粉勾芡即可。

风味特点：糟香味浓，茭白脆嫩。

九、马铃薯(土豆)

马铃薯为多年生草本植物，地下块茎呈圆、卵、椭圆等形，有茎眼，皮有红、黄、白或紫色。

马铃薯营养丰富，富含糖类、钙、磷、铁和维生素 C、维生素 B_1、维生素 B_2、胡萝卜素等，还能供给人体大量的热量。马铃薯既可作蔬菜，亦可作粮食，被列为世界五大粮食作物（玉米、小麦、水稻、燕麦、土豆）之一，被一些国家称为“蔬菜之王”、“第二面包”。

（一）土豆炖小排

原料：土豆、小排。

调料：盐、黄酒、干辣椒、胡椒粉、姜、葱花、味精、鸡精。

烹调方法：1. 土豆去皮切小块，小排洗净。

2. 锅中放水、黄酒、干辣椒、胡椒粉、姜、小排、土豆，用大火烧开，小火焖煮至排骨、土豆烂，放盐、味精、鸡精，撒些葱花即可。

风味特点：排骨、土豆软烂鲜香，荤素搭配，营养丰富。

（二）盐烤土豆

原料：土豆。

调料：盐。

烹调方法：将土豆洗净，不要去皮，放入锅中加水和盐大火烧开，改用小火烤至土豆表皮起皱及出现白色盐花即可装盘食用。

风味特点：土豆松香入味，是地道的农家菜。

（三）罗宋蔬菜汤

原料：土豆、番茄、洋葱、胡萝卜、圆白菜。

调料：葱花、胡椒粉、高汤、盐、味精、植物油。

烹调方法：1. 土豆去皮，洗净，切丁；番茄洗净，去蒂，切丁；洋葱去老皮，洗净，切丝；胡萝卜洗净，切丁；圆白菜择洗干净，切丝。

2. 汤锅置火上，倒入适量植物油，待油温烧至七成热时下葱花炒香，倒入土豆块、番茄丁和胡萝卜块翻炒均匀，加适量高汤煮至土豆块和胡萝卜块熟透，放入洋葱丝和圆白菜丝煮5分钟，用盐和味精调味，撒上胡椒粉即可。

风味特点：色泽不同、口味各异的五种蔬菜，用高汤烹煮入味，汤鲜菜香，还能品尝出淡淡的肉味。

(四)椒盐土豆饼

原料:小土豆500克。

调料:椒盐、蒜泥、葱花、干辣椒、食用油。

烹调方法:1. 将土豆洗净蒸熟,压成饼状。

2. 锅烧热放油(油量大些),当油温到五成热时放入土豆,炸至金黄色捞出。

3. 锅留底油,油热后放蒜泥、葱花、干辣椒煸出香味,加椒盐、土豆翻炒几下即可。

风味特点:外干香内松柔,是下酒的美肴。

十、山药

山药块茎周皮褐色,肉白色,表面多生根须。山药含糖类、蛋白质、黏液质等多种对人体有益的物质,现代医学认为山药对心血管、肝、肾等器官有一定的保健作用。中医认为山药性平、味甘,能补中益气、滋养强壮,对身体虚弱、精神倦怠、糖尿病等有一定的疗效,是良好的滋补食物。

山药胡萝卜鸡翅汤

原料:鸡翅中、山药、胡萝卜。

调料:葱丝、盐、料酒、芝麻油。

烹调方法:1. 鸡翅中洗净,放入沸水锅中氽透,捞出;山药、胡萝卜去皮,洗净切块。

2. 汤锅放火上,加适量清水,放入鸡翅中、山药块和胡萝卜块,煮沸后烹入料酒,转小火煮40分钟,加盐和芝麻油调味,撒上葱丝即可。

风味特点:鸡翅中酥烂,山药软糯,鲜香味美。

十一、芋(艿)头

芋头为圆形或椭圆形,节上有棕色鳞片毛。中医认为芋头味甘、性凉,可消疬散结。

(一)盐烤芋艿头

原料:舟山芋艿头或奉化芋艿头 1000 克。

调料:精盐适量或雪菜汁。

烹调方法:1. 将芋艿头刮去表皮,洗净,放入锅中加雪菜汁或清水,要漫过芋艿头。

2. 先用大火烧开,再改用小火烤焖,加水煮焖的要加盐。芋艿头烤软即可装盘食用。

风味特点:芋艿头松香,略带咸味,是地道的农家菜。

(二)芋头炖小排

原料:芋头、小排。

调料:盐、黄酒、干辣椒、胡椒粉、姜、葱花、味精、鸡精。

烹调方法:1. 芋头去皮洗净,小排洗净。

2. 锅中放水、黄酒、干辣椒、胡椒粉、姜、小排、芋头,用大火烧开,小火焖煮至排骨、芋头烂,放盐、味精、鸡精,撒些葱花即可。

风味特点:排骨、芋头软烂鲜香,荤素搭配,营养丰富。

十二、大蒜

大蒜为多年生宿根草本植物。地下鳞茎由灰白色的皮包裹,其中的小鳞茎叫蒜瓣。

现代医学研究表明,大蒜有较强的杀菌、降血压和抗癌作用。中医认为大蒜性温、味辛,有杀虫、解毒等作用。大蒜含

有挥发油，患有消化道溃疡的人不宜多食。

大蒜炒肉片

原料：大蒜、肉片。

调料：美味鲜酱油、盐、黄酒、味精、鸡精、食用油。

烹调方法：1. 将大蒜洗净切段，肉洗净切薄片。

2. 锅烧热放油，投入肉片煸炒，加黄酒、美味鲜酱油继续翻炒几下，加大蒜段翻炒放盐，当大蒜熟时加入味精、鸡精即可出锅装盘。

风味特点：香味浓郁，具有杀菌作用。

十三、洋葱

洋葱为两年生或多年生草本植物，叶鞘肥厚呈鳞片状，密集于短缩茎的周围，形成鳞茎，即葱头。

洋葱营养丰富，由于含有挥发性物质，因而有辛辣味。现代医学证明，洋葱有防病功能，可增进食欲，有较强的杀菌、降血压、防止动脉硬化的作用，还适用于维生素 C 缺乏症的食疗。中医认为洋葱具有清热化痰、解毒杀虫的功效。

洋葱炒蛋

原料：洋葱、鸡蛋。

调料：盐、黄酒、醋、鸡精、食用油。

烹调方法：1. 将鸡蛋打入碗内加盐、滴醋，用筷子打成蛋液。

2. 锅烧热、放油，倒入蛋液，小火炒熟鸡蛋，盛出待用。

3. 锅留底油烧热，放入切成丝的洋葱，翻炒至熟，加盐、炒好的鸡蛋、黄酒、鸡精，炒匀即可出锅装盘。

风味特点：味香，开胃。

十四、萝卜

萝卜为一年生或二年生草本植物，直根粗壮，肉质呈圆锥、圆球、长圆锥、扁圆等形，有红、白、绿、紫等色。

萝卜中因含有芥子油而有辛辣味，并能起到帮助消化的作用。萝卜含有较多的糖类、丰富的维生素、矿物质和酶等。中医认为萝卜性凉、味辛，有通气行气、健胃消食、止咳化痰、除燥生津等功能。

（一）萝卜炖小排

原料：萝卜、小排。

调料：盐、黄酒、干辣椒、胡椒粉、姜、葱花、味精、鸡精。

烹调方法：1. 萝卜去皮洗净，小排洗净。

2. 锅中放水、黄酒、干辣椒、胡椒粉、姜、小排、萝卜，用大火烧开，小火焖煮至排骨、萝卜烂，放盐、味精、鸡精，撒些葱花即可。

风味特点：排骨、萝卜软烂鲜香，荤素搭配，营养丰富。

（二）白切萝卜

原料：萝卜。

调料：美味鲜酱油。

烹调方法：将萝卜洗净、切片、蒸熟，在美味鲜酱油里蘸吃。

风味特点：萝卜本味甘甜，蘸上美味鲜酱油味更美。

十五、胡萝卜

胡萝卜为一年生或二年生草本植物，肉质根为圆锥或圆柱形，色呈紫、橘红、黄或白色，肉质致密，有特殊的香味。

在市场上常见的多为红、黄两种颜色的胡萝卜。红色胡萝卜含糖分较高、味甜；黄色胡萝卜含有多种糖类，特别是胡萝卜素含量丰富，在民间有“小人参”之誉。中医认为胡萝卜性平、味甘，有降压、强心等功效。现代医学研究发现，胡萝卜有防癌作用，特别是对肺癌有一定的预防作用。胡萝卜主要用于菜肴中的配料。

植物四宝

原料：胡萝卜 100 克，西蓝花 100 克，山药 100 克，香菇 100 克。

调料：盐 3 克，味精 2 克，白糖 2 克，蚝油 20 克，蒜泥 5 克。

烹调方法：1. 西蓝花切成小朵。山药用水烫后去皮，切成滚刀块。香菇水发后去蒂，大的片成两半，小的保持原形。胡萝卜洗净，削去皮，切成小滚刀块待用。

2. 炒锅上火，放入山药，最后放入西蓝花，烧开后用清水过凉。

3. 锅中放入油，烧至四成热时将四种原料下锅，划油后捞出，沥干油。

4. 锅中留油，煸香蒜泥，放入荤汤，烧开后放入盐、白糖、蚝油、味精，用湿淀粉勾芡后倒入四种原料，淋麻油，出锅装盘。

风味特点：色彩艳丽，搭配巧妙合理。

十六、黄瓜

黄瓜为一年生草本植物，瓜呈圆筒形或棒形，瓜上有刺，刺基常有瘤状凸起。产于南方的一般为无刺黄瓜。

黄瓜含有多种糖分，还含有较多的维生素、矿物质，现代

医学认为黄瓜有减肥作用。中医认为黄瓜性凉、味甘，有清热、利水、解毒等作用。

（一）辣油小菜

原料：水发黄豆、黄瓜。

调料：香菜碎、蒜末、盐、鸡精、辣椒油、芝麻油。

烹调方法：1. 水发黄豆洗净，煮熟后捞出，晾凉，沥干水分；黄瓜洗净，去蒂，切丁。

2. 取小碗，放入蒜末、盐、鸡精、辣椒油和芝麻油拌匀，制成调味汁。

3. 取盘，放入黄豆和黄瓜丁，淋入调味汁，搅拌均匀，撒上香菜碎即可。

风味特点：黄瓜爽脆，黄豆甘香，菜色黄绿相间，咸香微辣，清淡爽口。

（二）蘸酱黄瓜

原料：黄瓜 400 克。

调料：虾子酱。

烹调方法：将黄瓜洗净切成小段，随跟虾子酱小碟蘸食。

风味特点：新鲜，青翠爽口。

十七、冬瓜

冬瓜为一年生草本植物。瓜呈圆、扁圆或长圆形，大小因品种各异，小的重数斤，大的数十斤。多数品种表面有白粉，果肉厚、白色、疏松多汁、味淡。

冬瓜在营养上最大的特点是不含脂肪，而含有防止人体发胖的物质，所以冬瓜是减肥健身的蔬菜。由于冬瓜含钠少，所以是心血管病人的佳蔬。中医认为冬瓜性凉、味甘，有利

水、清热、解毒的作用。

(一)冬瓜炖小排

原料:冬瓜、小排。

调料:盐、黄酒、干辣椒、胡椒粉、姜、葱花、味精、鸡精。

烹调方法:1. 冬瓜去皮洗净切薄片,小排洗净。

2. 锅中放水、黄酒、干辣椒、胡椒粉、姜、小排,用大火烧开,小火焖煮至排骨酥烂,再放冬瓜,烧开后焖 10 分钟,放盐、味精、鸡精,撒些葱花即可。

风味特点:排骨软烂鲜香,荤素搭配,营养丰富。

(二)冬瓜虾皮汤

原料:冬瓜、虾皮。

调料:盐、黄酒、干辣椒、胡椒粉、葱花、味精、鸡精。

烹调方法:1. 冬瓜去皮洗净,切薄片。

2. 锅中放水、盐、黄酒、干辣椒、胡椒粉、姜、冬瓜,用大火烧开,小火焖煮至冬瓜熟透,放入虾皮,烧开后放味精、鸡精,撒些葱花即可。

风味特点:冬瓜软烂,虾皮味鲜,荤素搭配,营养丰富。

十八、丝瓜

丝瓜为一年生草本植物。丝瓜分普通丝瓜和有棱丝瓜两种。普通丝瓜果长,呈圆筒形,瓜面无棱、光滑或有细雨皱纹,有数条深绿色纵纹,幼瓜肉质较柔嫩。有棱丝瓜又名八棱瓜,果呈纺锤或棒形,表面有 8—10 条棱线,肉质致密。

丝瓜的蛋白质含量高于冬瓜、黄瓜。中医认为丝瓜性凉、味甘,可清热化痰、凉血解毒。老丝瓜瓜络可入药。

丝瓜虾皮汤的烹调方法与冬瓜虾皮汤相同。

十九、苦瓜

苦瓜为一年生草本植物，果呈纺锤或长圆筒形，果面有瘤状凸起。嫩果青绿色，成熟果为橘黄色。

苦瓜含维生素 C 较多。中医认为苦瓜性寒、味苦，有祛暑清热、明目、解毒的功效。

咸蛋黄炒苦瓜

原料：苦瓜、熟咸鸭蛋黄。

调料：葱花、盐、鸡精、植物油。

烹调方法：1. 苦瓜洗净，剖开，去瓤，切片；咸鸭蛋黄碾碎。

2. 锅置火上，倒入适量植物油，烧至七成热，加葱花炒香，放入苦瓜片翻炒，加入适量清水，加碾碎的咸鸭蛋黄翻炒均匀，用盐和鸡精调味即可。

风味特点：清淡爽口，咸香味美。

二十、南瓜

南瓜按果实的形状可分为圆南瓜和长南瓜。圆南瓜呈扁圆或圆形，果面多有纵沟或瘤状凸起，果实深绿色，有黄色斑纹。长南瓜的头部膨大，果皮绿色，有黄色斑纹。

南瓜含淀粉多，含多种氨基酸、维生素 A、维生素 B、维生素 C 及多糖、甘露醇等。

（一）雪菜炒南瓜

原料：南瓜、雪菜。

调料：鸡精、植物油。

烹调方法：1. 雪菜洗净，切段；南瓜洗净，去瓤，切块。

2. 起油锅，放适量植物油，加南瓜炒，再放雪菜一起翻炒，

加鸡精调味。

风味特点：雪菜鲜，南瓜软，味道鲜美。

（二）咸蛋黄焗南瓜

原料：南瓜、熟咸蛋黄。

调料：葱花、盐、鸡精、植物油。

烹调方法：1. 南瓜去皮、去瓤，洗净，切条；咸鸭蛋黄碾碎。

2. 锅置火上，倒入适量植物油，烧至七成热，加葱花炒香，放入南瓜条翻炒，加入适量清水，再加碾碎的咸鸭蛋黄翻炒均匀，用盐和鸡精调味即可。

风味特点：清淡爽口，咸香味美。

二十一、辣椒

辣椒为一年生或多年生草本植物。辣椒的品种繁多，形状各异，按果形可分为五大类，即樱桃椒类、圆锥椒类、簇生椒类、长角椒类、灯笼椒类，目前栽培最多、最广泛的是灯笼椒和长角椒类。

辣椒含有较多的蛋白质、糖类、钙、铁、胡萝卜素、维生素C等，特别是维生素C比一般蔬菜含量高。辣椒含有的辣椒碱等成分是其辣味的来源。适当食用辣椒有增进食欲、帮助消化、发汗、促进血液循环等作用。

（一）豆豉炒辣椒（青椒）

原料：辣椒（青椒）、豆豉。

调料：葱花、蒜末、盐、鸡精、食用油。

烹调方法：1. 辣椒（青椒）洗净，去蒂，除籽，切块；豆豉剁碎。

2. 炒锅置火上，倒入适量植物油烧至六成热，放入葱花、

蒜末炒香，倒入辣椒（青椒）块和豆豉翻炒3分钟，用盐和鸡精调味即可。

风味特点：鲜辣爽口的辣椒（青椒）渗透进豆豉和蒜的香味，浓郁可口，下饭开胃。

（二）虎皮尖椒

原料：小尖椒。

调料：葱花、蒜末、白糖、美味鲜酱油、味精、鸡精、麻油。

烹调方法：1. 小尖椒洗净待用。

2. 锅置火上，倒入适量植物油烧至七成热，投入小尖椒炸至表皮成虎皮色捞出，沥干油。

3. 锅置火上，倒入适量植物油烧至六成热，放入葱花、蒜末炒香，再放白糖、美味鲜酱油，加适量清水、味精、鸡精和小尖椒烧熟透，出锅时浇些麻油。

风味特点：口味香辣浓郁。

二十二、番茄

番茄为一年生草本植物，呈扁圆或圆形。以果实的颜色分类有红色番茄、粉红色番茄、黄色番茄三种。番茄含水分很高，维生素C和有机酸也很丰富。中医认为番茄性微寒，味甘、酸，有生津止渴、健胃消食、清热消暑等功效。

番茄草菇西蓝花

原料：小西红柿、草菇、西蓝花。

调料：葱花、蒜片、盐、味精、白糖、植物油。

烹调方法：1. 小西红柿去蒂，洗净；草菇去根，洗净；西蓝花择洗干净，用手掰成小朵。

2. 锅置火上，放入适量清水，加少许盐、味精和植物油，烧

沸，洗后放入小西红柿、草菇和西蓝花焯烫，捞出，沥干水分。

3.烧锅置火上烧热，倒入适量植物油，下葱花和蒜片炒出香味，放入焯过水的小西红柿、草菇和西蓝花，撒入盐、味精和白糖，翻炒均匀即可。

风味特点：味道鲜美，口感清淡。

二十三、茄子

茄子为一年生草本植物，按其形状可分为圆茄类、卵圆类、长茄类。圆茄类呈圆球形，皮紫白、有光泽，肉质致密细嫩、白色。茄子含钙较多，特别是维生素 E、维生素 P 含量较高。现代医学证明，常食茄子对心血管疾病有一定的预防作用。中医认为茄子性凉、味甘，有活血散瘀、清热解毒的功效。

（一）剁椒粉丝蒸茄子

原料：长茄子、粉丝、海米、水发冬菇。

调料：蒜蓉、料酒、剁椒酱、香油、蚝油、盐、味精、白糖、植物油。

烹调方法：1.粉丝下清水泡软；茄子去蒂，洗净，切条；冬菇去蒂洗净，切丝。

2.将粉丝沥干水分，铺在碗底；将茄子排在粉丝上面；茄子上放冬菇和海米。淋入秘制剁椒酱蒸制，让这道素菜的味道堪比荤菜。

风味特点：茄子色泽微黄，软嫩多汁；粉丝晶莹剔透，入口爽滑。

（二）肉末茄子

原料：茄子、肉末。

调料：蒜蓉、葱花、干辣椒、料酒、盐、味精、白糖、美味鲜酱油、食用油。

烹调方法:1.茄子去蒂,洗净,切段,肉切末。

2.锅烧热放食用油,待油温升至五成热时将茄子投入油锅中炸熟,捞出沥油。

3.锅留底油,当油热时放入蒜蓉、干辣椒、肉末煸炒,再放茄子、料酒、盐、白糖、美味鲜酱油、盐和适量的水,用大火烧开,小火焖烧至汤汁稠浓时放味精翻炒几下,出锅装盘,撒些葱花即可。

风味特点:茄子色泽微黄,软嫩多汁,入口爽滑。

二十四、四季豆

四季豆扁平、顶端有尖,嫩荚或成熟的种子都可作蔬菜。四季豆含有丰富的维生素 A 原和钙。中医认为四季豆有解热、消肿等功效。

炒四季豆

原料:四季豆。

调料:蒜蓉、干辣椒、料酒、盐、味精、白糖、食用油。

烹调方法:1.四季豆洗净,切段。

2.锅烧热放食用油,待油温升至五成热时投入蒜蓉、干辣椒煸炒,再放四季豆、料酒、盐、白糖和适量的水,用大火翻炒至熟透放味精,出锅装盘即可。

风味特点:色泽碧绿、清淡爽口。

二十五、花菜

花菜叶呈长卵圆形,前端稍尖。主茎顶端为白色或乳白色肥大的花球,花轴分枝而肥大,前端集生无数白色或淡白色的花枝,成为球形,即可食用的菜花。绿菜花中含有较多的叶

绿素、维生素C等。

花菜烧肉片

原料：花菜、肉片、大蒜。

调料：干辣椒、料酒、盐、味精、白糖、食用油。

烹调方法：1. 花菜洗净，撕成小块，肉切薄片，大蒜切段。

2. 锅烧热放食用油，待油温升至五成热时投入干辣椒和肉片煸炒，再放花菜、大蒜、料酒、白糖、盐和适量的水，用大火炒熟后放味精，出锅装盘即可。

风味特点：花菜柔软，味咸鲜。

二十六、绿豆芽

绿豆芽是干绿豆经水泡发而成的豆芽。中医认为绿豆芽味甘、性寒，可解酒毒、热毒。据国外报道，绿豆芽含有一定的抗癌物质，营养成分胜于绿豆，约同黄豆。

二十七、黄豆芽

黄豆芽是干黄豆经水泡发而成的豆芽。黄豆芽营养成分胜于黄豆，特别是维生素C及胡萝卜素的含量很多。国外报道黄豆含有一种酶，具有一定的抗癌及抗癫痫作用。

黄豆芽炒大蒜

原料：黄豆芽、大蒜。

调料：盐、黄酒、干辣椒、味精、食用油。

烹调方法：1. 黄豆芽、大蒜洗净，大蒜切段。

2. 锅烧热加油，放盐、干辣椒和大蒜、黄豆芽，翻炒至熟再放酒、味精，淋少许热油即可装盘。

风味特点：清香爽口，是下酒的佳肴。

二十八、笋干

笋干是鲜笋经水煮、榨压、晒或烧烤、熏制而成的。笋干性微寒、味甘，有清热消痰、利膈健胃的功效。

锅仔野山笋

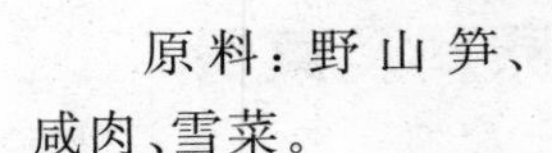

原料：野山笋、咸肉、雪菜。

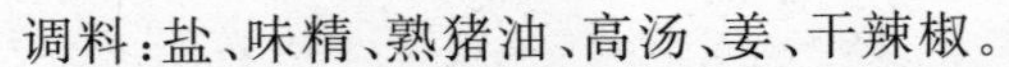

调料：盐、味精、熟猪油、高汤、姜、干辣椒。

烹调方法：1. 野山笋洗净除去节头，切成段，咸肉切片。

2. 锅烧热入猪油，放入姜、干辣椒炒香。倒入咸肉、野山笋煸炒断生，再加高汤、味精烧开，撇去浮沫，改用小火。

3. 野山笋烧透入味再加雪菜，淋上猪油，装入锅仔中即成。

风味特点：味道鲜美，营养丰富，百吃不厌。

二十九、霉干菜

霉干菜是用芥菜茎或雪里红腌制的干菜，含蛋白质、糖、钙、磷等营养成分。

霉干菜烧肉

原料：带皮五花肉 500 克，霉干菜 100 克。

调料：酱油 20 克，白糖 40 克，味精 2 克，料酒 10 克，精盐 10 克，食用油 50 克，姜、葱、八角适量。

烹调方法:1.将五花肉切成5厘米宽的长条,然后再剁成5厘米见方的块。霉干菜泡好,洗净泥沙,切成0.5厘米长的粒。姜切成片,葱切成段。

2.锅烧热,放入油50克,倒入肉块,煸炒至出油时,放入白糖、酱油、料酒上色,随即放入姜、葱、八角,煸香后兑入适量的水,水淹平肉,放入干菜,大火烧开,改用小火,焖至肉和干菜酥烂。

3.调好味后,用大火收浓卤汁,焖至肉和干菜酥烂。

风味特点:油润不腻,咸鲜干香。

第二节　常用食用菌类原料及菜肴

一、香菇

香菇因其干制后有浓郁的特殊香味得名,又称香蕈。香菇菌盖表面常呈褐色,菌褶白色,菌柄圆柱状或稍扁,呈白色。菌盖半肉质,呈伞形。香菇含有丰富的蛋白质、维生素D等;含有18种氨基酸,其中7种为人体所必需的。现代医学认为香菇有调节新陈代谢、降血压和治疗贫血等作用。

双菇木耳汤

原料:水发香菇、水发猴头菇、水发黑木耳、熟火腿。

调料:香菜碎、盐、鸡精、鸡汤、水淀粉、芝麻油。

烹调方法:1.香菇、猴头菇、黑木耳择洗干净,切丁;熟火腿切丁,待用。

2.汤锅置火上,放入香菇、猴头菇、黑木耳,倒入适量鸡汤,中火烧沸,撇去浮沫,转小火煮20分钟,加盐、鸡精和芝麻油调味,用水淀粉勾薄芡,撒上火腿丁和香菜碎即可。

风味特点：汤中包含了香菇、猴头菇和熟火腿的鲜美味道，入口爽滑，咸鲜适口。

二、蘑菇

蘑菇的菌盖为扁半球形，较平展，颜色为白色或淡黄色，菌褶细小时紫色，后变褐色。菌柄与菌盖同色，为近圆柱形，有菌环。由于蘑菇含有人体必需的 8 种氨基酸，并含有钙、铁、磷等营养成分，现代医学认为其有降血压、抗癌等作用。中医认为其性凉、味甘，有健胃、下气、化痰的功效。

鲜菇炒豌豆

原料：鲜蘑菇、豌豆粒。

调料：葱花、花椒粉、盐、鸡精、水淀粉、植物油。

烹调方法：1. 鲜蘑菇洗净，切丁；豌豆粒洗净。

2. 炒锅置火上，倒入适量植物油，烧至七成熟，放入葱花和花椒粉炒香，倒入蘑菇丁和豌豆粒翻炒均匀，盖上锅盖焖 5 分钟，加入适量盐和鸡精调味，用水淀粉勾芡即可。

风味特点：豌豆粒的清香渗透到蘑菇的纤维中，油亮的芡汁中充满蘑菇的鲜味。

三、木耳

木耳又称黑木耳、黑菜等，因形似耳朵、色黑得名。木耳含有丰富的无机盐，特别是含铁量较高，还含有多种营养成分，现代医学研究认为木耳对防治心脑血管疾病有一定功效，具有一定的抑癌作用。中医认为木耳性平、味甘，有滋补强身、益气养血、清涤胃肠等功效。

蚝油黑木耳

原料:水发黑木耳。

调料:蒜末、葱花、蚝油、盐、植物油。

烹调方法:1.黑木耳清洗干净,沥干水分,撕成小朵。

2.取微波炉专用容器,加适量植物油、蒜末和葱花,送入微波炉内中火加热2分钟爆香,取出,放入黑木耳、蚝油和盐拌匀,再次送入微波炉,中火加热2分钟即可。

风味特点:黑木耳拌入耗油烹调,在爽滑、清淡的口感中增添了几分鲜美的滋味。

四、银耳

银耳又称白木耳、雪耳等。银耳子实体多皱褶,状似鸡冠或花瓣,白色半透明,干燥后强烈收缩、硬而脆。有淡淡的黄白色。银耳所含营养成分全面、丰富,蛋白质、无机盐、碳水化合物、维生素等均有一定含量。特别是还含有多种氨基酸及胶质。现代医学认为银耳对高血压、血管硬化等疾病有一定的防治作用,对癌症有一定的抑制作用。中医认为银耳味甘、性平,具有补肾、润肺止咳、生津、益气、健脑、消除肌肉疲劳等功能。

(一)凉拌双耳

原料:水发木耳、水发银耳。

调料:盐、鸡精、葱花、干红辣椒。

烹调方法:1.水发银耳和水发木耳清洗干净,撕成小片,入沸水锅中焯透,捞出晾凉、沥干水分。

2.炒锅置火上,倒入适量植物油,烧至七成热,放入葱花、干红辣椒段炒香,关火,将炒锅内的油连同葱花、干红辣椒段均匀地淋在木耳和银耳上,用盐和鸡精调味即可。

风味特点：菜色黑白相间，木耳和银耳形似花朵，清凉爽脆，微辣咸香。

(二)银耳红枣羹

原料：水发银耳、红枣。

调料：白糖、湿淀粉。

烹调方法：1. 水发银耳清洗干净，撕成小片。

2. 锅放水，水量是原料的一倍，放入水发银耳、红枣白糖，置火上，用大火烧开，小火煮至银耳、红枣软烂，勾薄芡即可。

风味特点：红白相间，银耳形如花朵，味甜，营养佳。

第四章　渔家乐冷菜菜肴

第一节　海鲜类冷菜

(一)拌海蜇头

凉拌海蜇头使用的原料是三矾海蜇。所谓三矾海蜇，即运用矾浸卤渍的办法，将原含水量高达98%以上的新鲜海蜇经过三道工序，制成成品。

头矾工序，指渔民在捞取新鲜海蜇后，在船上或是回港后在沙滩、礁滩旁，用竹刀对海蜇进行“开膛”、“开顶”，即将海蜇头与海蜇皮切割分离，并将连接海蜇头与皮的颈根肉割除，刮去顶部“红衣”，用稻草或网衣擦去海蜇皮背部的白色黏膜，用海水洗净后入大缸内，按占鲜蜇皮0.25%的量撒上碾碎的明矾粉，叠一层撒一层，矾水自行下注。经半天时间，海蜇体内血污排出，用海水清洗后再入缸内用5%左右的矾水浸渍，使蜇体水分不断排出，肉质变硬。

二矾工序，将经头矾工序处理过的海蜇出缸后分装入竹箩内沥去水分，再入盐卤内施行2—3次“调卤”工艺，浸泡一昼夜，将海蜇体内水分充分沥掉，装入竹箩内沥去卤水，将海蜇皮肉面朝上逐张平放在加工桌板上，每张海蜇皮中心撒上盐矾合成物(600千克盐掺0.5千克矾粉，每50千克头矾海蜇皮撒9—10千克盐矾合成物)，再加一层海蜇皮，层层平叠于缸内，并用盐矾合成物封顶。约7天后，缸内海蜇皮和海蜇头中的水分又大量排出，成为“二矾海蜇”。

三矾工序与二矾相似，海蜇皮一般用盐率和加矾率分别为9%和0.25%，海蜇头用盐率和用矾率分别为8%和0.2%。如此一个月后即成为三矾海蜇皮子或头子成品。从刚捕获的新鲜海蜇到三矾海蜇成品率约为10%至20%。舟山三矾海蜇皮，历史上尤以泗礁山岛青沙和金鸡山岛上渔民加工的产品最为有名，体色白中泛微黄，肉质清脆入味，实为海蜇产品之精品，曾出口日本等国外市场。

原料：海蜇头300克。

调料：盐、蒜泥、味精、葱花、香油。

加工方法：将海蜇头切片后用冷水浸泡，换几次水，去掉海蜇头中的盐分，沥干水分后放盐、蒜泥、味精、葱花、香油拌匀即可食用。

(二)海蜇皮

原料：海蜇皮300克。

加工方法：将海蜇皮切丝后用冷水浸泡，换几次水，去掉海蜇皮中的盐分，沥干水分后可与香乌笋、黄瓜、苹果丝拌在一起吃，也可放皮蛋或单独装盘随跟酱油小碟，蘸酱油食用。

(三)大黄鱼鲞

将新鲜大黄鱼去鳞，用刀从背部剖开，挖去内脏、鱼鳃，用竹签将鱼背撑开，挂在通

风处风干或阳光下晒干即成大黄鱼鲞。将300—350克大黄鱼鲞改刀成块,入蒸笼蒸熟,装盘即可。

(四)鱿鱼鲞

将新鲜鱿鱼用刀从生软骨一面剖开,挖去内脏和眼珠,连头洗净,挂在通风处风干或阳光下晒干即成鱿鱼鲞。将300—350克鱿鱼鲞改刀成块,入蒸笼蒸熟,装盘即可。

(五)墨鱼鲞

将新鲜墨鱼背部松骨用手拉出后,再用刀将这一面剖开,挖去内脏和眼珠,连头洗净,挂在通风处风干或阳光下晒干即成墨鱼鲞。将300—350克墨鱼鲞蒸熟,改刀装盘即可食用。

(六)虎鱼鲞

虎鱼鲞加工方法较为简单,先用刀刃于鱼背往鱼尾平切至头部,除去内脏,晒干即为成品。将300—350克虎鱼鲞蒸熟,改刀装盘即可食用。虎鱼鲞味道香脆,丝丝入味,颇受人们青睐。

(七)带鱼鲞

将新鲜带鱼剖开腹部,挖去内脏、鱼鳃,洗净,挂在通风处风干或阳光下晒干即成带鱼鲞。将300—350克带鱼鲞改刀成段蒸熟,装盘即可食用。

(八)马面鱼鲞

将新鲜马面鱼剖开腹部,挖去内脏、鱼鳃,撕掉外皮,洗净,挂在通风处风干或阳光下晒干即成马面鱼鲞。

鱼鲞拼盆

将 300—350 克马面鱼鲞改刀成块蒸熟，装盘即可食用。

(九)龙头烤

舟山俗称的“龙头烤”，即为虾潺鱼干。舟山俗称鱼干为“鱼烤”，即经阳光烘烤晒干而成的鱼品。因为虾潺天生柔骨、多水分，晒干后头大躯干长，脊椎骨突出，头似龙头且有髯，鱼体又似龙身有长长的尾梢，像传说中的龙，故以“龙头烤”名之。淡制龙头烤，即将捕获的新鲜虾潺鱼，用剪刀剪开或用手撕开鱼腹，取出内脏，用清水漂洗干净后，在留有较细网眼状通风口的竹簟上晒干即可。若天气晴好，一天即可晒燥。淡制龙头烤保持了虾潺鱼特有的鲜美肥嫩与柔软入口的感觉，在江浙沪沿海城乡尤其备受青睐。将 300 克龙头烤蒸熟装盘即可食用。

(十)鲚鱼烤

鲚鱼烤即经加工而成的鲚鱼干。鲚鱼又称凤尾鱼，系江海洄游鱼种。舟山渔民俗称鲚鱼为“杀猪刀”鱼，又称“篾鲚”鱼，是因鲚鱼形体像杀猪刀，又像篾竹刀，上部肥厚薄削，即头部肥硕而尾部尖，鲜活时鲚鱼体色明亮如银子闪光，似刀锋寒芒。因鲚鱼鱼腹内几无不能食用之物，加工时几乎不用动刀，只是用水清洗一下，晒干即可。将 350 克鲚鱼烤蒸熟，装盘即可食用。

（十一）鲳鱼鲞

将新鲜鲳鱼取去内脏、鱼鳃，洗净，挂在通风处或阳光下风干或晒干即成鲳鱼鲞。将350克鲳鱼鲞改刀成块蒸熟，装盘即可食用。

（十二）梅童鱼烤

梅童鱼烤由棘头梅童鱼晒制而成。棘头梅童鱼，渔民称为大头梅童鱼、细眼梅童鱼和梅子鱼三种。鱼体以大头梅童鱼最大，似小黄鱼之幼鱼；其味以细眼梅童鱼最鲜美；梅子鱼体最小，晒制以后，除了一个看上去与鱼身不相对称的大鱼头，鱼身瘦小得几乎无肉可言，故称"梅子"，意即"梅子核"。晒制梅童鱼烤，一般不用动刀，用手指剜去鱼腹内脏，洗净、晒干即可。梅童鱼烤中的大头梅童鱼烤与细眼梅童鱼烤，如日光较猛烈，一般晒两三天即干燥，而梅子鱼烤一般晒一天即可干燥。梅童鱼烤食来，有一种既不同于鲚鱼烤也不同于龙头烤的特殊醇香之味。将350克梅童鱼烤蒸熟装盘即可食用。

（十三）黄鲫烤

黄鲫烤是较为大宗且又有较大名气的一种鱼烤。加工黄鲫烤与梅童鱼烤一样，不用动刀，只需用手指剜去鱼腹内脏、清洗晒干即可。黄鲫浑身多软刺，鱼表皮又多脂肪，最好用西

北猛风吹干。吹干后要尽快食用,以避免“发油”即溢脂现象发生。将300克黄鲫烤蒸熟装盘即可食用。

(十四)虾干(对虾、活皮虾)

虾干,以舟山北部的嵊泗列岛出产较多,且鲜度高、质量好。原先以近洋张网为主业的黄龙岛为产区。近洋张网资源减少后,移到了以外海拖虾为主业的嵊山岛和东极诸岛。制作虾干的原料,要求新鲜且个大体硕,多以鹰爪糙对虾、日本对虾、哈氏仿对虾、葛氏长臂虾等煮晒加工。加工时,将虾冲洗后入大锅煮熟,均匀地摊晒在山坡上水泥浇铸的晒场上,中途用竹耙翻拌轮晒,日光较强的天气,一般3天即能干燥成品。虾干原本大多为渔民家庭自制自食,20世纪80年代后,虾干产品逐步走向了岛内外市场,并受到消费者喜爱。虾干一般以淡制品居多。将200克虾干蒸熟装盘即可食用。

(十五)贻贝干

贻贝是海产双壳贝类,是淡菜的学名,舟山俗话也叫“毛娘”,北方称“海红”,属软体动物瓣鳃类,有很高的营养价值,还具有很好的药用和食疗功效。中国沿海所产的食用贻贝主要有紫贻贝、厚壳贻贝和翡翠贻贝等,其中尤以翡翠贻贝个体最大,质量最佳,味道最好。据分析,每百克鲜贝肉含蛋白质10.8克、糖2.4克、灰分2.4克、脂肪1.4克,干制贻贝肉蛋

白质含量高达59.3%。贻贝还含有多种维生素及人体必需的锰、锌、硒、碘等微量元素。贻贝的营养价值高还由于它所含的蛋白质中有人体需要的缬氨酸、亮氨酸等8种必需氨基酸，其含量大大高于鸡蛋以及鸡、鸭、鱼、虾和肉类中的必需氨基酸的含量。贻贝脂肪中饱和脂肪酸的含量较猪肉、牛肉、羊肉和牛奶等为低，不饱和脂肪酸的含量相对较高。

根据《本草纲目》中的记载：贻贝能治虚痨伤惫、吐血久痢等疾，又是产妇的滋补品。根据现代有关药书记述，贻贝性温，能补五脏，理腰脚，调经活血，对眩晕、高血压、腰痛、吐血等症均有疗效，而治夜尿吃贻贝效果甚好。新鲜贻贝肉鲜美可口，营养丰富。贻贝晒干后，肉色金红鲜艳，烤肉味鲜汁香，是名贵的干海味品。淡菜干又称“贡干”，据《宋宝庆昌国县志》记载，早在宋代初期，淡菜干曾作为贡品运往京城，供御用，称为贡干。将150克贻贝干与250克肉同烧即可食用。

(十六)鳗鲞

将新鲜海鳗从背部剖开，除内脏、杂物，用篾竹撑开鳗身，风干后即为鳗鲞。食用时切段蒸吃。鳗鲞也可烤着吃，名曰“鳗鲞烤肉”。

(十七)鳗筒

原料：新鲜鳗鱼1条。

调料：盐。

烹调方法：1.将新鲜海鳗剖肚后除去内脏杂物、洗净，放入调好的盐卤中浸泡3—4小时捞出。

2.用篾竹撑开剖开的肚皮，用细绳子由鳃口穿入口中再穿出，然后吊在竹竿上，晾挂在通风处4—7天吹干，即成鳗筒。食用时将400—500克鳗筒切段，蒸熟装盘即可。

（十八）红膏炝蟹

原料：膏蟹 2 只（350 克）。

调料：盐 500 克，葱 10 克，姜 10 克。

加工方法：1. 把膏蟹洗净，腹部朝上，用重物压在蟹上，取盛器放清水加盐搅拌均匀成咸卤水，加葱、姜，调成的卤水浸没蟹，一般腌 7 个小时后即可捞出。

2. 用冷水淋洗，掀开蟹壳改刀装盘，蟹壳中挖出蟹膏放在蟹肉上面即可。

（十九）蟹糊

原料：膏蟹 2 只（750 克）。

调料：盐 10 克，白糖 10 克，米醋 50 克，黄酒 5 克，姜末 3 克。

烹调方法：将膏蟹洗净，掀开蟹壳，留黄，去鳃，斩掉蟹脚前半部分，再与盐一起将蟹斩成泥后，加糖、黄酒、姜末拌匀 1 小时后，调入米醋即可食用。

（二十）蟹股或蟹酱

原料：梭子蟹 2 只（750 克）。

调料：盐 10 克，白糖 5 克，米醋 50 克。

烹调方法：将蟹壳、蟹米丝去掉，再斩掉蟹脚的前半部分，然后平均分成两份或四份，拌入盐腌渍 7 小时后蘸米醋食用。

蟹酱的制法与蟹糊相同，但用的是白蟹。

(二十一)咸泥螺

原料：无泥泥螺750克。

调料：盐25克，黄酒250克，白糖150克，味精10克。

烹调方法：将新鲜的泥螺洗净，加盐腌渍2天后，沥去黏液，加白糖、黄酒、味精拌匀再腌渍1天后即可食用。

第二节　其他冷菜

(一)糟黄鱼

烹调方法：将400克糟黄鱼装盘加入白糖、味精直接蒸熟即可。

(二)白斩鸡(白斩鹅)

原料：鸡(鹅)一只。

调料：酱油。

烹调方法：将取清内脏的光鸡(鹅)洗净，放入烧沸的水中，水量要大，淹没鸡(鹅)，煮熟后捞出，晾冷后改刀装盘，蘸酱油即可食用。

(三)油炸肉鲚

原料：肉鲚250克。

调料：酱油、色拉油、胡椒粉、黄酒。

烹调方法：1. 将新鲜肉鲚取出内脏洗净，用黄酒、酱油、胡椒粉调成汁，腌制30分钟，取出沥干水分。

2. 炒锅置旺火上，下色拉油烧至七成热时，将肉鲚逐条下

油锅炸至金黄色捞出，装盘即可。

（四）清拌黄瓜

原料：黄瓜2根。

调料：大葱、花椒、精盐、味精、干红辣椒、醋、食用油适量。

烹调方法：1. 将黄瓜洗净、削皮，中间片开，用刀背拍松，再切成一寸见方的斜块。

2. 蒜捣碎，放入适量的精盐、味精、鸡粉、醋，搅拌均匀，拌在黄瓜里。

3. 将适量食用油倒入铁锅，烧至六成热，放入花椒煸一下捞出。把干红辣椒丝放在黄瓜上，将花椒油淋在上面。

4. 将拌好的黄瓜装盘即可。

风味特点：酸美可口，伴有麻辣香味。

（五）凉拌藕片

原料：鲜藕1根。

调料：姜、味精、精盐、白糖、白醋各适量。

烹调方法：1. 鲜藕去皮，切薄片，姜切成细丝。

2. 将切好的藕片放入锅焯水，取出后放入凉水中冰镇片刻，捞出沥干水分。

3. 在盛放藕片的碗中加入精盐、白糖、味精和白醋调味，下姜丝搅匀即成。

风味特点：色泽洁白，酸甜可口。

（六）酸辣白菜

原料：净白菜1棵。

调料：青、红辣椒各10克，干辣椒、葱、姜、精盐、味精、淀粉、白醋、香油适量。

烹调方法：1. 将干辣椒切块，葱切段，姜切成细丝。青、红辣椒去蒂、籽，切菱形片。

2. 将白菜去叶，留颈部，改成 0.3 厘米厚的抹刀片。

3. 锅内加少许底油烧热，依次放入葱花、姜丝、干辣椒、青红辣椒片，爆香后加入白醋，然后迅速将切好的白菜放入锅内，加入精盐和味精翻炒，勾芡，加少许香油，出锅即成。

风味特点：酸辣味浓。

（七）四川泡菜

原料：野山椒 1 瓶，白萝卜 1 根，胡萝卜 1 根。

调料：精盐、白糖、八角、姜片、花椒、矿泉水适量。

烹调方法：1. 白萝卜和胡萝卜洗净，沥干水分，切成条，放入姜片，将野山椒的汁水倒入，再放入八角、花椒。

2. 矿泉水中加入精盐、味精、白糖搅匀，倒入萝卜条中，密封好，放入冰箱内冷藏 8 小时后取出食用。

风味特点：萝卜脆嫩，味咸甜鲜，微辣，是下饭的佳肴。

（八）酱牛肉

原料：牛腱子肉 500 克。

调料：酱油 150 克，大葱、蒜、精盐、味精、白糖、料酒、姜、香油、花椒、八角、桂皮、丁香、陈皮、白芷、砂仁、豆蔻、茴香适量。

烹调方法：1. 将牛腱子肉切成大块，用开水焯透捞出，用冷水冲一下。

2. 将各种调料用纱布包起做成料包。

3. 将牛肉块倒入锅中，加入酱油、味精、精盐、白糖、料酒，放入葱段、姜片、调料包，小火炖制 1.5—2 小时。

4. 待用筷子可以扎透牛肉时捞出晾凉，切成薄片，即可装

盘食用。

风味特点：色泽酱黄，味鲜极香，软烂可口。

（九）夫妻肺片

原料：牛肉200克，熟牛杂200克，熟牛舌100克，生菜、花生米。

调料：芝麻、花椒、豆豉、葱段、红海椒、酱油、醋、八角、桂皮、香糟汁、红腐乳汁、胡椒面、料酒、精盐、味精、香油、花生油适量。

烹调方法：1. 将牛肉切成大块，放入大碗内，加入葱段、花椒、八角、桂皮、精盐、料酒腌制10分钟，倒入开水锅内，用旺火烧开，捞出肉和调料。

2. 锅中加清水，放入牛肉和调料，加入香糟汁、红腐乳汁、葱白段，用中火煮约40分钟，再改用小火煨约30分钟，带牛肉熟透后捞出。

3. 锅中放清水，加入豆豉煮一下，取其汁做成豆豉汁。锅中放油烧热，放入花椒和八角炒出香味。加入酱油烧开，制成红油汁。将煮牛肉的原汤倒入炒锅，加入花椒面、味精、精盐烧开，制成卤汁。

4. 将熟牛肉、熟牛杂、熟牛舌切成薄片，码在垫有净生菜叶的盘中。把花椒、芝麻各自用文火煎黄，研成细末。花生米用文火炒酥，去掉外皮研成小粒。炒锅内加入少许花生米，油烧热，将红海椒用热油煎至黄酥，研成细末。把各料细末拌匀，撒在盘内肉片上。

5. 碗中加入调好的卤汁、红油汁、豆豉汁、香油、胡椒粉、精盐、醋，调匀后浇在盘内肉片上，等菜晾凉即成。

风味特点：成菜美观，麻辣味厚，醇香可口，川味浓郁。

第五章　渔家乐地方特色菜

第一节　杭州渔家乐地方特色菜

（一）东坡肉

原料：五花肉1500克。

调料：葱100克，白糖100克，绍酒250克，姜块（拍松）50克，酱油150克。

烹调方法：1. 将五花肉洗干净，切成10块正方形的肉块，放在沸水锅内煮5分钟，取出洗净。

2. 取大沙锅一只，用竹箅子垫底，先铺上葱，放入姜块，再将猪肉皮面朝下，整齐地码在上面，加入白糖、酱油、绍酒，最后加入葱结，盖上锅盖，用桃花纸围封沙锅边缝，置旺火上；烧开后加盖密封，用微火焖酥；将沙锅端离火口，撇去油；将肉皮面朝上，装入特制的小陶罐中，加盖置于蒸笼内，用旺火蒸30分钟至肉酥透即成。

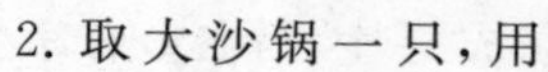

风味特点：色泽红亮，味醇汁浓，酥烂而不碎，香糯而不腻。

(二)笋干老鸭煲

原料:隔年老鸭1只(约1400克),天目山笋干400克,金华火腿50克,深山棕叶一张。

调料:盐、味精、姜、酒。

烹调方法:1.将老鸭宰好、褪净,放入沸水锅氽去血污,打挖鸭臊,洗净。

2.将棕叶、老鸭、笋干、火腿放入沙锅,加入葱、姜、黄酒、高汤、老鸭原汤、药料包,用文火炖4—5小时,拣去粽叶、葱、姜,用精盐、味精调好味即可。

风味特点:鲜香可口,滋补开胃。

(三)千岛湖鱼头

原料:鳙鱼头1个(2000—2500克)。

调料:姜、葱、盐、食用油、青菜心、料酒、味精。

烹调方法:1.将鱼头去鳃及鳞,洗净,对半剖开。姜切片,葱切段,青菜洗净待用。

2.锅烧热,加入食用油,将鱼头两面稍煎片刻,再加入姜片,煸炒后烹入料酒,加入汤水加盖,用大火烧沸,撇去浮沫,转中火炖煮20分钟,放入精盐,调好口味,放入青菜心、葱花,汤沸后装盘。

风味特点:肉质细嫩,汤汁鲜美。

(四)油豆腐烧肉

原料:五花肉1000克,油豆腐500克。

调料:酱油200克,白糖50克,姜、料酒、葱、味精、色拉油适量。

烹调方法:1.将五花肉切成小块,油豆腐对切开,姜切片,葱打结。

2. 锅中放少量色拉油，烧热后下肉块煸炒至肉色发白，加入料酒，加姜片、葱结、酱油、糖和油豆腐。

3. 放入多量的水，大火烧开，转小火焖烧约30分钟以上，加味精，捞出葱姜出锅装入钵头中，隔开再回锅烧热。

风味特点：猪肉酥烂，油豆腐素中带有荤味，冷却后的汤汁成凝胶状，犹如皮冻，是农家的一款传统菜肴。

（五）蒜苗炒龙阳干

原料：蒜苗200克，龙阳干250克。

调料：花生油、酱油、白糖、盐适量，味精少许，花椒粉少许。

烹调方法：1. 将蒜苗择洗干净，切成3厘米长的段；龙阳干切成丝，放在开水锅里烫一下，捞出沥净水分。

2. 将油倒入炒锅内烧热，放入花椒粉，下龙阳干丝，加少许水，把龙阳干丝炒拌开，放酱油、白糖调味，待汤汁炒干出锅。

3. 将锅洗净，把花生油倒入锅中，待油烧热时，把蒜苗倒入锅内，煸炒几下，下龙阳干丝，加入盐、味精，炒抖均匀即可出锅。

风味特点：色泽鲜红、口感纯正，具有独特风味。

（六）栗子炒仔鸡

原料：净嫩鸡肉250克，桂花鲜栗肉100克。

调料：葱段、白糖、绍酒、酱油、精盐、湿淀粉、芝麻、色拉油。

烹调方法：1. 将嫩鸡肉用刀交叉轻拍，切成2厘米见方的块，盛在碗内，加入精盐、湿淀粉上浆。

2. 把绍酒、酱油、白糖、醋和味精同放在碗内，用湿淀粉调成芡汁料待用。

3. 将炒锅置于中火上，下油，五成热时，把鸡块和栗子(如用老栗子，须先煮熟切开)一起落锅，用筷子划散，稍后用漏勺捞起。待油温回升至七成热时，再将鸡块和栗子入锅滑油至熟。

4. 炒锅留底油，投入葱段煸出香味，倒入鸡块和栗子，将调成的芡汁料倒入锅内，颠翻几下，使鸡块和栗子裹匀芡汁，淋上芝麻油即成。

风味特点：栗子香糯，鸡肉鲜美，色泽红亮，是一道传统的秋令佳肴。

第二节　宁波渔家乐地方特色菜

(一)海鲜奉芋羹

原料：去皮奉化芋艿头 150 克，海鲜料(虾仁 20 克、墨鱼片 20 克、开洋 20 克、水发干贝 20 克)，熟笋 10 克，熟火腿 10 克，鸡蛋清适量。

调料：葱、姜、食盐、胡椒粉、黄酒、味精、色拉油、淀粉、鲜汤等适量。

烹调方法：1. 将芋艿头切成小丁，上笼蒸熟备用。

2. 虾仁上浆后用油滑熟，墨鱼切小片后用油滑熟，干贝拍成蓉，开洋水发，熟笋、熟火腿切小片备用。

3. 锅烧热留少许油，放入葱白段、姜片炝锅后取出，投入熟笋片、干贝蓉、开洋略煸，倒入蒸熟的芋艿头丁，略煸后加黄酒、鲜汤及调料，待沸后放入滑熟的虾仁、墨鱼片和熟火腿片，用水淀粉勾芡，淋入鸡蛋清，即可出锅，装盘后撒上葱花。

风味特点：此菜以奉化芋艿头配宁波特产的各类海鲜，相得益彰，鲜美润口。

(二)象山三黄汤

原料：新鲜大黄鱼1条(500克)，黄鱼鲞1条(300克左右)，干黄鱼肚50克，熟笋50克，鲜蘑菇50克。

调料：葱段、姜片、食盐、胡椒粉、味精、黄酒、色拉油适量。

烹调方法：1.新鲜大黄鱼、黄鱼鲞洗净，新鲜黄鱼用直刀正反划几刀，黄鱼鲞斩块，干黄鱼肚用油涨发透，然后用碱水浸洗，用清水漂净碱味切片，熟笋、蘑菇切片，葱切段，姜拍碎待用。

2.取炒锅放旺火上烧热，用色拉油滑锅后，留适量底油，放姜片、葱段下锅炝香，放入新鲜大黄鱼两面煎黄，下黄酒、凉清水、鱼鲞块、笋片、蘑菇片，用旺火烧沸，中火烧至汤汁乳白色时，取出葱段、姜块，放入适量盐(鱼鲞咸味过重时不用放盐)、味精、少许黄酒，然后放入葱段即可装盘上桌。

风味特点：地道的象山地方风味特色菜，鲜咸合一。

(三)海鲜铁板烧

原料：基围虾100克，虾蛄100克，蛏子100克，虾潺100克，梅童鱼100克，蛤蜊100克。

调料：雪汁50克，鸡精3克，味精3克，葱姜水少许。

烹调方法：1.将基围虾、虾蛄、蛏子、蛤蜊氽水，虾潺洗净切段，备用。

2.把上述原料整齐码放在铁板上，放入调料。

3.把放好原料的铁板放入煲仔炉上用中火烧干，撒上葱花即可。

风味特点：海鲜多样，原汁原味，香气宜人。

（四）宁式炒鳝丝

烹调方法见第二章第二节。

第三节　舟山渔家乐地方特色菜

（一）雪汁炖梅童鱼

原料：梅童鱼13条。

调料：雪菜汁、黄酒、味精、姜片、葱花。

烹调方法：1. 将梅童鱼去鱼鳃、内脏，洗净，放入鱼盘内加雪菜汁、黄酒、味精、姜片、葱花。

2. 蒸笼上汽后将鱼盘放入蒸笼内蒸10分钟左右即可。

风味特点：鱼肉鲜嫩、味美。

（二）醋熘鲨鱼羹

原料：净鲨鱼肉250克，洋葱5克，番茄半只。

调料：盐、味精、酱油、醋、湿淀粉。

烹调方法：1. 鲨鱼肉批成长条，洋葱、番茄改刀切片。

2. 取炒锅盛水烧开，将鲨鱼氽水。

3. 炒锅放油，投入洋葱炒至七成熟，倒入鲨鱼肉，烧开后加番茄片、酱油、盐、味精，用湿淀粉勾芡，随即加入醋拌匀，淋上明油出锅。

风味特点：鲨鱼肉嫩，口味酸鲜。

（三）烤淡菜

原料：淡菜500克。

调料：美味鲜酱油一小碟。

烹调方法：将淡菜放入锅中，置火上加热，当淡菜开口时，即可盛出装入盘中，随带美味鲜酱油一小碟，蘸着美味鲜酱油吃。

风味特点：肉软嫩，味鲜美。

(四)嵊泗咸淡菜

原料：贻贝 500 克。

调料：盐 100 克，味精少许。

烹调方法：将新鲜贻贝汆熟后取肉，用精盐、味精加水调成盐卤水，加贻贝肉，腌制 2—3 天即可。

风味特点：肉质滑韧，咸鲜合一。

(五)淡菜干烤肉

原料：五花肉 300 克，淡菜干 50 克。

调料：姜、葱、盐、白糖、味精、料酒、美味鲜酱油、老抽适量。

烹调方法：1. 将五花肉切成小块后汆水，淡菜干在清水中泡发，姜切片，葱切段待用。

2. 锅烧热后放油，倒入姜片，炝锅后加入五花肉略炒，加料酒、美味鲜、老抽、白糖和水，大火烧开，小火烧制半小时后，再加入淡菜烧制 20 分钟，加盐、味精调味后，收汁淋明油，再撒葱段即可出锅装盘。

风味特点：舟山渔区的特色名菜，淡菜干结实，猪肉酥烂，油而不腻，口味浓郁。

(六)咸墨鱼蛋蒸芋艿子

原料：咸墨鱼蛋 100 克，芋艿子 400 克。

调料：葱、姜、料酒、胡椒粉、味精适量。

烹调方法：1. 咸墨鱼蛋洗净，沥干水分，放入碗内，加葱、姜、胡椒粉、料酒腌渍。

2. 芋艿子洗净去皮，切厚片或块状，装入盘中，再将墨鱼蛋铺在芋艿子上，上笼蒸10分钟取出即可。

风味特点：营养丰富，味道鲜美。

（七）椒盐富贵虾

烹调方法见第一章第一节。

第四节　温州、台州渔家乐地方特色菜

（一）清汤江蟹

原料：江蟹。

调料：盐、酒、胡椒粉、姜、葱等适量。

烹调方法：1. 将江蟹洗净，斩成块，姜、葱切丝待用。

2. 炒锅下清汤，加入姜丝、料酒等烧开，倒入江蟹，微火煮烧，熟后再投入盐、胡椒粉等调料，撒上葱丝，即可出锅装盘。

风味特点：汤清味鲜，具有温州苍南农家独有风味。

（二）糖醋凤尾鱼

原料：凤尾鱼400克。

调料：酱油、酒、白糖、醋、干红椒、姜、葱适量。

烹调方法：1. 凤尾鱼洗净晾干（干后易刮鳞剖肚），姜、干红椒切末待用。

2. 炒锅下油，油温升至四五成热时，将凤尾鱼入锅炸至金黄色，捞出斩成菱形块。

3. 炒锅留少许油，投入姜、葱白、干红椒煸炒至香，再投入凤尾鱼，烹入兑汁（酱油、酒、白糖、米醋、清汤调制），淋入明油翻锅，撒上葱花，出锅装盘。

风味特点：香酥可口，其味无穷。

（三）三丝炒敲鱼

原料：净鱼肉350克，鸡脯肉、熟火腿、青椒、红椒、香菇各15克。

调料：干淀粉150克，油、盐、味精、酒、胡椒粉、姜适量。

烹调方法：1. 选用刺少肉质厚的鲜鱼，切成5厘米见方、0.5厘米厚的鱼片，蘸上淀粉，在砧板上用擀面杖敲成薄如蝉翼的圆片。

2. 炒锅下清水烧开，将鱼片放在沸水里煮熟。再迅速放入冷水中漂凉，然后切成宽约1厘米的条状，鸡脯肉、熟火腿、青椒、红椒、香菇、姜切丝待用。

3. 炒锅下少许油，倒入姜丝煸炒，投入敲鱼条、鸡脯肉丝、熟火腿丝、青椒丝、红椒丝、香菇丝，加盐、味精、酒、胡椒粉和适量高汤翻炒，勾芡，淋入明油，出锅装盘。

风味特点：鱼肉滑嫩，口味鲜醇。

（四）鲜蛏炒粉丝

烹调方法见第一章第二节。

第五节　绍兴渔家乐地方特色菜

（一）农家螺蛳羹

原料：螺蛳300克，豆腐150克，黄韭芽10克，葱少许。

调料：肉汁汤300克，绍酒、酱油、食盐、味精、熟猪油、湿淀粉、胡椒粉适量。

烹调方法：1.选用青壳螺蛳，在烧开的沸水中氽片刻，用竹签挑出螺蛳肉，并除去尾部，洗净，豆腐切成丁，黄韭芽切粒，葱切成葱花。

2.炒锅置火上，加清水，入豆腐焯水，去除豆腥味。

3.炒锅中下肉汁汤，加入酱油、食盐、绍酒、黄韭粒，烧沸后，下豆腐和螺蛳肉，略烧后，加味精，用湿淀粉勾芡，淋上熟猪油，装盘后，撒上葱花和胡椒粉即成。

风味特点：营养丰富，口味清鲜滋润。

（二）鲞冻肉

原料：五花肉400克，白鲞150克。

调料：食用油、绍酒、酱油、白糖、味精适量。

烹调方法：1.将白鲞刮鳞洗净，切成长方块；五花肉洗净切成小方块。

2.炒锅置旺火上，烧热后下食用油，倒入肉块略炒后，加入绍酒、酱油、白糖和清水，汤水须淹没肉块，旺火烧开，中火烧至八成熟，加鲞块，改用小火烧焖，待鱼鲞肉酥时加入味精，装入碗中，冷却结冻后，刮去上面的冻猪油，翻身扣入盘中即成。

风味特点：肥而不腻，鲞酥肉嫩，咸鲜合一。

(三)绍式蒸三鲜

原料:肉圆 8 颗,鱼圆 8 颗,水发肉皮 100 克,蒸蛋糕 25 克,熟猪肚 25 克,熟鸡块 25 克,水发香菇 25 克,熟火腿 25 克,熟冬笋 25 克,活河虾 25 克。

调料:葱段少许,母子酱油适量。

烹调方法:1. 将肉圆、鱼圆、鸡块、蛋糕、猪肚、冬笋、水发肉皮、香菇、火腿经预熟处理,鸡肉切块,蛋糕、猪肚、冬笋、香菇、火腿均切成片状,肉皮切成长方条,河虾去头须、剥壳、留尾巴。

2. 取大碗,将肉圆装底下,分别装入其他原料,鱼圆在上面,上蒸笼用旺火蒸 15 分钟,出笼撒上葱段,上桌随带母子酱油蘸食。

风味特点:蒸后蘸食,其味清鲜,地方特色浓郁。

(四)白鲞扣鸡

原料:熟鸡胸肉、鸡翅膀、白鲞。

调料:葱、花椒、绍酒、味精、原鸡汁汤、熟鸡油。

烹调方法:1. 将鸡肉斩成大小均匀的等长方块(12 块),翅膀切成 6 块,白鲞斩成长 2 厘米、宽 1 厘米的块(10 块),剩余的部分切成小方块。

2. 取中等大小碗(俗称高脚碗),用花椒、葱段垫底,鸡肉皮朝下依次摆在鲞块上,加绍酒、原汁汤,上笼用旺火蒸至熟透,出笼后,扣在汤盘中,拣去葱段、花椒粒,加味精、葱段、烧沸的原鸡汁汤,淋上熟鸡油即成。

风味特点:味鲜、咸香扑鼻,为绍兴传统菜。

（五）糟鸡

原料：净越鸡1只。

调料：糟烧酒、酒精、精盐、味精。

烹调方法：1. 将嫩鸡放在沸水中氽2分钟捞出，清除血沫，放入另一只炒锅内，舀入清水浸没，置旺火上烧沸，改用小火焖烧20分钟，将锅端离火口，任其自然冷却。然后将鸡头、翅膀斩掉，鸡身斩为4块，用精盐、味精等调料擦匀。

2. 将酒精、糟烧酒合在一起搅匀，备一只瓦罐，先在下面倒一半酒糟。铺上消毒布，再将鸡块放在罐内，另外取消毒布一块，盖在鸡块上面，然后倒入余下的酒糟压实，密封存放2天就可食用。

风味特点：肉质鲜嫩，鸡含糟香。

第六节　湖州、嘉兴渔家乐地方特色菜

（一）农家粽香肉

原料：猪肋排500克，糯米200克，荷叶2张（粽叶也可）。

调料：酱油、味精、海鲜酱、南乳汁。

烹调方法：1. 肋排上剞上花刀，用酱油、味精、海鲜酱、南乳汁等调料腌入味。

2. 糯米用温水浸泡涨发，涨好后沥干水分，用酱油拌上色。

3. 将腌入味的肋排沾上糯米包上荷叶（或粽叶），旺火蒸一个半小时至排骨酥烂即可。

风味特点：色泽金红，食之香糯可口，肥而不腻。

(二)海宁八宝菜

原料:胡萝卜干 75 克,大头菜 25 克,水发黄花菜 25 克,水发黑木耳 25 克,熟冬笋 25 克,千张 25 克,油豆腐 25 克,香干 25 克。

调料:盐、味精、鸡精、色拉油、鲜汤、鸡油等适量。

烹调方法:1. 胡萝卜干冷水浸泡回软后,沥干水分备用。

2. 将大头菜、黑木耳、熟冬笋、千张、香干、油豆腐切丝后与黄花菜一同焯水备用。

3. 锅烧热后加色拉油,放入胡萝卜丝煸炒,并将焯水后的全部原料投入锅中略加翻炒,加入适量鲜汤和调料,烧制入味后淋入鸡油,即可出锅。

风味特点:味道清淡,营养丰富,风味独特。

(三)长兴爆鳝丝

原料:活鳝鱼、嫩笋丝、韭菜、青椒丝、火腿丝。

调料:蒜泥、姜丝、胡椒粉、酱油、糟油、红糖、绍酒、清汤、湿淀粉、麻油、色拉油。

烹调方法:1. 活鳝鱼放在沸水中氽一下,捞出去骨,掏内脏,切成 5 厘米长的丝,洗净。

2. 将炒锅置旺火上,加适量油,烧至八成热,投入鳝丝煸炒,并先后几次加入油,直到将水分炒干,鳝丝起酥。投入蒜泥、青椒丝,一同煸炒片刻,加入料酒、酱油、红糖、笋丝、韭菜和清汤。

3. 待清汤将干时,放入胡椒粉、糟油、麻油,用湿淀粉勾芡,并用手勺搅至汤汁起泡,加熟猪油搅几下起锅,把菜装成塔形。

4. 顶上放姜丝、熟火腿丝即成。

风味特点:此菜曾被誉为“江南难得异味”。

第七节　金华、丽水渔家乐地方特色菜

（一）腊肉永康干

原料：腊肉200克，永康豆腐干300克，青蒜苗50克。

调料：盐、味精、色拉油等。

烹调方法：1.腊肉切片，永康豆腐干切片，青蒜苗洗净切成寸段。

2.锅置中火，放入色拉油，五成热时投入腊肉片煸炒片刻，再投入永康豆腐干片翻炒，加入盐，投入青蒜段，略加少许汤水，放味精后即可出锅。

风味特点：荤素搭配，营养丰富。

（二）婆媳豆腐

原料：缙云盐卤豆腐、猪肥膘、霉干菜。

调料：辣椒、味精、绍酒、姜、葱、酱油、白糖。

烹调方法：1.豆腐切成4厘米长的方块，猪肥膘切丁，辣椒切菱形，姜切片。

2.锅置火上烧热，放入膘肉熬出油。再加入霉干菜、姜片、葱煸炒，然后烹入绍酒、酱油、白糖等调料，加入高汤烧开后再倒入豆腐，用文火烧30分钟。

3.豆腐烧至入味，改用旺火，调准味后淋上香油即成。

风味特点：看之色暗无光，食之回味无穷。

（三）走油蹄膀

原料：猪蹄膀400克。

调料：绍酒、白糖、盐、味精、姜、葱、明油。

烹调方法:1.蹄膀洗净,入水锅煮至断生捞出。油锅烧至六成热时入蹄膀炸至金黄色、皮起泡时捞出。

2.锅洗净,加入酱油、绍酒、白糖熬色,然后加入姜、葱、高汤、蹄膀,用小火烧 3 小时,待肉质酥透捞出。

3.蹄膀出骨摆入盘中,余汁调准口味勾芡,浇蹄膀上即成。

风味特点:味道鲜美,皮酥肉烂,油而不腻。

(四)锅仔野山笋

烹调方法见第三章第一节。

后记

民以食为天，食以海为鲜。渔家乐菜肴在继承中国传统菜肴做法的基础上，结合渔家特点不断推陈出新，充分利用海鲜、湖鲜、河鲜、江鲜烹制特色菜肴，为人们奉献一道道盛宴。

本书重点介绍了渔家乐菜肴的原料及制作方法，以介绍海产品和淡水鱼类菜肴为主，充分突出渔家特色。通过介绍，让广大渔家乐经营者及烹调爱好者进一步了解各地渔家乐菜肴的烹制方法以及所用原料的营养价值，以充分展示渔家乐饮食文化、弘扬渔家美食特色。特别值得一提的是，在制作海鲜、水产类菜肴时要注意营养搭配、材料配比，如烹制水产原料时必用姜。中医认为，姜性温、味辛，有解表散寒、解毒等功效，所以在制作某些寒性食物时，必须用姜；此外，姜还有健胃的作用。这些配料的使用会提升渔家乐菜肴的口感及营养功能。烹制一道美味佳肴犹如加工一件艺术品，除了要在观感上给人以美的享受，还要让人回味无穷。渔家所处位置可能近海，也可能近江，抑或临湖，占尽天时地利，制作菜肴取材方便，就餐环境亲近自然。要充分利用好渔家乐食材新鲜丰富、种类繁多的优势。这些食材从不同的角度可搭配出不同风格的菜肴，关键是巧用心思，精心烹制。本书正是选取这些常用的渔家菜肴编辑而成，既有渔家乐菜肴原料特点、营养成分、制作过程的介绍，又配以部分图片以给读者更直观的感受。本书图文并茂，内容通俗易懂，实用性强，是一本介绍渔家乐菜肴较为详尽的烹调用书及普及读本。

在本书编写过程中，选用了周洪星大师编著的书中的部分菜肴和天天饮食栏目组编写的《大师教做家常菜》中的十几个菜肴，同时也得到了舟山部分渔家乐厨师的大力相助，提供了不少菜肴，在此，表示衷心的感谢！该书既可作高职、中职烹饪专业学生的教学用书，也可作宾馆、饭店、渔家乐及家庭烹制菜肴的参考用书。由于编写的时间仓促以及本人的水平有限，有不当之处，敬请行家批评指正！

乐志军

2012 年 2 月